Photoshop

鞋类设计效果图

表现技法

U0241938

FOOTWEAR
DESIGN
RENDERING TECHNIQUE

彭滔　郑剑雄◎主编

国家一级出版社　　中国纺织出版社　全国百佳图书出版单位

内 容 提 要

本书以使用 Photoshop 软件绘制鞋类设计效果图为主要内容，通过基础夯实篇、技巧提升篇、案例实战篇三个部分，从易到难、由浅入深地进行讲解，注重学习者专业基础知识与实践操作技能的双向提高。本书通过图文对应、分步讲解的形式，将操作方法和使用技巧简洁直观地表达出来，在内容上提炼重点难点、在方法上补充技能技巧，以便学习者迅速掌握使用 Photoshop 软件。

本书适合作为专业院校学生学习使用的教材，也可以为相关从业人员提供学习参考。通过本书的学习，使用者可以达到目前鞋类行业设计师或配色师岗位对 Photoshop 鞋类设计效果图表达的要求。

图书在版编目（CIP）数据

Photoshop 鞋类设计效果图表现技法 / 彭滔，郑剑雄主编 . -- 北京：中国纺织出版社，2019.5 （2022.3重印）

ISBN 978-7-5180-5626-2

Ⅰ．①P… Ⅱ．①彭… ②郑… Ⅲ．①鞋—计算机辅助设计—图象处理软件 Ⅳ．① TS943. 26

中国版本图书馆 CIP 数据核字（2018）第 261561 号

责任编辑：朱冠霖　责任校对：王花妮　责任印制：何 建

中国纺织出版社出版发行
地址：北京市朝阳区百子湾东里A407号楼　邮政编码：100124
销售电话：010 — 67004422　传真：010 — 87155801
http: //www.c-textilep.com
E-mail：faxing@c-textilep.com
中国纺织出版社天猫旗舰店
官方微博http: //weibo.com/2119887771
北京华联印刷有限公司印刷　各地新华书店经销
2019年5月第1版　2022年3月第3次印刷
开本：889×1194　1/16　印张：18.5
字数：190千字　定价：98.00元

凡购本书，如有缺页、倒页、脱页，由本社图书营销中心调换

编写委员会

主编： 彭 滔 郑剑雄

参编： 王莹辉 黄少青 李 静 卢建军 胡望明 王谷龙 韩建林 彭飘林

　　　　刘 阳 熊格外 张 英 金琼如 姚丹丹 林晓芳 吴素红 吴卫华

　　　　蔡耀欣 林 珍 郑英豪 郑诗茹 李 毅 吴宣谕 黄仕伟

2017 年我应邀担任"海峡杯"工业设计（晋江）大赛的评委。在评审及答辩过程中，题为《A-POWER》的参赛作品及设计者的现场答辩引起了我的关注，该作品获得了全场大赛的最高奖项特别奖。后来得知设计者彭滔和易同国都是从事鞋类设计专业的教师。

近期，彭老师及其合作者郑剑雄老师的新作《Photoshop 鞋类设计效果图表现技法》即将付梓，希望我能够写一个推荐意见。作为从事专业教育 30 多年的老教师，看到一代代的青年教师刻苦钻研、奋发有为，我心中甚感欣慰！也很想通过阅读书稿来充实自己。于是我向彭老师索取了书稿，与其他专业教师一同认真阅读了书稿内容。

这部教材的特点主要表现在两个方面：一是内容聚焦，从基础夯实篇到技巧提升篇再到案例实战篇，全书紧扣鞋靴效果图的绘制，由浅到深循序渐进地加以讲解；二是实用性强，作者结合其自身 8 年多的教学和企业工作经验，以图文对应、分步讲解的形式，将软件的操作方法和使用技巧总结凝练。对鞋类专业学生或行业从业人员而言，简明扼要、易于上手。值得一提的是，该书以国内品牌企业对鞋类设计师 PS 绘图应该达到的技能要求为基准，里面的案例大部分是品牌企业的实践案例或作品。

鞋服产品是人们日常生活的必需品，也是艺术与技术相结合的产物。中国从鞋业大国迈向鞋业强国，不仅需要智能制造，还需要更多的专业设计师。相信该教材的出版将会对院校学生设计能力的培养、对行业设计师的水平提升以及相关专业院校实践教学的开展发挥积极作用。

弓太生

2019 年 3 月于古城西安

本书主要分为基础夯实篇、技巧提升篇、案例实战篇三个部分，章节编排从易到难、由浅入深，内容达到目前鞋类行业设计师或配色师岗位对 PS 软件效果图表达的要求，注重学习者专业基础知识与实践操作技能的双向提高。

全书针对国内各级院校以及培训学校的学生编排设计，结合鞋类设计行业发展的趋势，在内容上提炼重点、难点、补充新的技能技巧，注重教学过程，将方法、技巧更直观、简洁呈现，便于初学者顺利掌握。

初学入门。编者从 2008 年接触 PS 软件学习至今年已有 10 年时间，长期使用 PS 制作设计效果图，使我认识到学习首先应该夯实基础，通过完成每章的作业找到满足感和自信心，提高学习的积极性。

学习方法。怎么才能又快又好地学习 PS 软件，回答是没有捷径，但是可以寻找技巧，建议初学者打好基础，连续性、进阶性学习效果更佳，不要急于求成。软件学习的内容大部分是环环相扣的步骤和流程，没有太多的逻辑推理思维，但是过程的理解是有深度的，技巧和方法需要亲身训练才能融通。另外，本书在同一个知识点上提供了多种绘制方法，初学者可以根据实际工作的需要，选择其中一种或者多种方法练习，举一反三，触类旁通。

学习重点、难点。第一，学习鞋类设计效果图的表达，重点要掌握钢笔工具绘制路径的技巧，路径线条的流畅性和准确性决定了效果图的品质。虽然路径的操作难度不大，但是高品质的路径线条绘制需要大量练习才能有所提升。第二，上色和图层面板的管理，这部分知识难度不大，却是学习的重点，鞋子的结构层次关系和多种渲染效果是要靠多个图层叠加、混合得到，一张细节丰富、效果突出的设计图有时候需要上百个图层来完成，同时图层的管理也涉及到后期效果的修改与画面调整。第三，本书最难的部分是材料的表达，运动鞋、男女皮鞋、童鞋等不同材料的表面肌理和质感千差万别，书中详细介绍了使用剪贴蒙板和图层样式以及滤镜等方法来表达材质。第四，光影关系和立体感的建立对效果图的表达至关重要，这方面需要具备一定的美术基础，但没有美术基础的学生可以通过本书提供的多种方法和技巧，在多次练习中得到提升。

软件表达的优势。软件表现能更加准确地呈现设计的外观和结构，呈现更加丰富的产品细节，优于手绘表达，是企业工业化批量生产的一个重要环节。但是，不管是软件电脑效果图的绘制，还是手绘效果图的渲染，都是创意表现技法，都要求具备一定的基本功、审美能力和整体协调力。

本书是我和郑剑雄共同完成，我们一起创立 i-sneaker 中国鞋类设计师联盟平台，专注研究鞋类设计教学和设计表现技巧，本书大部分知识体系和方法总结是我和他共同探讨合作完成。感谢北京服装学院于百计教授和陕西科技大学弓太生教授对我们的帮助，还有晋江华侨职业中专学校给我提供的专业发展的平台，同时感谢特步、李宁、安踏、361°、鸿星尔克等国内品牌企业领导和设计师的友情赞助和技术分享。希望本书的出版能为学习鞋类设计的朋友们提供一个具有可操作性的工具，书中有不足之处还希望广大读者不吝赐教。

彭滔

2018 年 8 月于晋江

目录

PART 1

第一部分
基础夯实篇

第1章　软件界面与基础操作

课时分配：

共 2 课时，理论 1 课时，实践 1 课时。

学习目标：

通过本章的学习，对 Photoshop CS6 软件使用有一个整体认识，了解软件安装、软件界面布局、工具箱、颜色设置、控制面板、键盘常用控制键等，为深入学习后续课程系统打下基础。

技能要求：

学生要熟悉 Photoshop CS6 工作界面，认知 Photoshop 菜单栏、工具栏、工具箱、控制面板之间的关系，学生需反复练习、勤于思考，为后续的软件学习打下夯实基础。

第1节　软件介绍与界面

Photoshop 是 Adobe 公司推出的图形、图像处理软件，区别于 AI、CDR 等矢量绘图软件，它是行业比较通用的位图处理软件，功能强大，广泛应用于印刷、广告设计、封面制作、网页图像制作、照片编辑、产品设计等领域。

目前该软件版本更新较多，各版本软件在外观设计、功能上有所区别，一般高版本可以向下兼容，同时高版本的软件也对电脑配置要求更高，同学们可以根据自己的电脑配置和绘图要求选择合适的版本，本教材用的软件版本是 Photoshop CS6，初学者在学习过程中建议统一版本。安装好 Photoshop CS6 中文版软件并运行，图 1-1 显示的是 Photoshop CS6 软件的启动界面。执行：菜单—文件—新建命令，或者 Ctrl+N 新建图像文件图（1-2）。弹出新建文件窗口（图 1-3）。

Photoshop CS6 软件的界面包含菜单栏、工具属性栏、工具箱、控制面板、绘图工作区五个部分，具体来讲，软件的绘图原理是用户通过左侧的"工

图 1-1

具箱"选择需要的工具，在"工具属性栏"设置工具的属性参数，配合右侧"控制面板"和上方"菜单栏"在白色背景的"绘图工作区"绘制用户所需效果图（图 1-4）。各个部分分区之间的相互关系和功能，如表 1-1 所示。

图 1-2

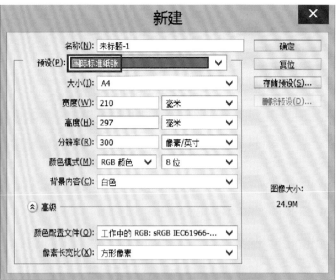

图 1-3

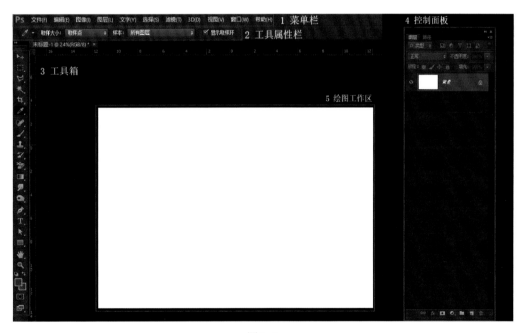

图 1-4

表1-1

序号	工作界面	位置	主要功能	相互关系
1	菜单栏	软件左上角	图像的操作基本都可以通过菜单栏来执行，菜单选项操作包含对应快捷键	从菜单的"窗口"中打开和关闭所有控制面板
2	工具属性栏	菜单栏正下方	显示的是不同工具的属性、参数设置	属性随着工具箱工具的切换而改变
3	工具箱	软件的左方	图标右下角有小三角工具的说明包含了子工具。按住左键不放，可以选择子工具，最下方包含前景色、背景色图标	工具箱的工具与工具栏是一一对应的关系，选择不同的工具可以在工具栏中进行参数设置。与控制面板也是对应关系
4	控制面板	软件右侧的窗口	控制面板可以从菜单的"窗口"中打开和关闭。也可以直接移动、合并和关闭控制面板	部分控制面板的属性设置一般要在对应的工具下进行。控制面板可以说是工具属性栏参数设置的补充
5	绘图工作区	画面正中间	快捷键 Ctrl+N 新建绘图区，是用来绘制效果图的区域，可建立多个绘图区	绘图区是图像的显示区域，通过工具箱的工具来绘图，工具栏、控制面板、菜单命令配合完成

第 2 节　认识工具箱

1. 工具介绍

工具箱中包含 40 多种工具，如图 1-5 选框工具组，图 1-6 加深减淡工具组，在图标右下角有小三角标志，可以按住左键显示工具组，从而选择不同的子工具，也可以按住 Alt 键单击图标切换工具，每一个工具对应一个字母快捷键。

图 1-5

图 1-6

2. 常用工具

初学者需要熟练使用如下工具，工具箱字母快捷键都需在输入法"英文"状态下使用；画笔、橡皮擦、钢笔等工具的使用，需要关闭"大写输入"的状态才可以显示笔头。

（1）【V】移动工具：用于移动和对齐图层或对象，Ctrl 键可以切换到移动操作（图 1-7）。

（2）【M】选框工具：建立各种选区，上色操作是通过选区来执行（图 1-8）。

（3）【W】魔棒工具：可以用来创建不规则形状的选择区域，它是利用图像中相邻像素颜色的近似程度进行选择（图 1-9）。

（4）【T】文字工具：PS 创建文字是通过工具箱中的文字工具来实现的，提供了强大的文字编辑功能，让初学者学会设计风格各异的各种文字效果（图 1-10）。

（5）【P】钢笔工具：绘制直线、曲线、多边形等路径（图 1-11）。

（6）【B】画笔工具：画笔工具可以使用当前前景色在工作区绘画（图 1-12）。

图 1-7

图 1-8

图 1-9

图 1-10

图 1-11

图 1-12

3. 设置颜色

在工具箱最下方是前景色和背景色设置图标，单击前景色或者背景色都可以调出"拾色器"窗口（图1-13），设置所需颜色。快捷键【D】默认前景色和背景色（前黑后白），快捷键【X】交换前景色和背景色。

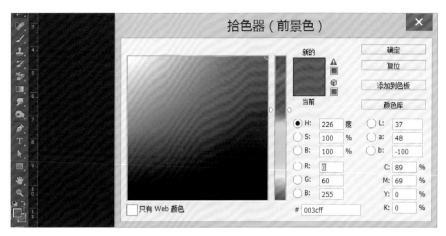

图1-13

4. 潘通色卡

潘通色卡（PANTONE）是国际通用的标准色卡，中文惯称潘通，涵盖印刷、纺织、塑胶、绘图、数码科技等领域的色彩沟通系统，已经成为当今交流色彩信息的国际统一标准语言。在"拾色器"中单击"颜色库"，在色库中选择潘通色卡，输入对应的潘通色卡代码（图1-14、图1-15）。

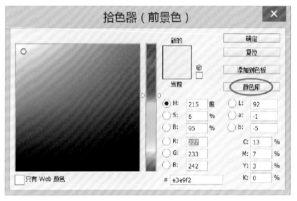

图1-14　　　　　　　　　　　　　　　　　　　　图1-15

第3节　控制面板

1. 图层面板

选择菜单—窗口—图层，打开图层面板，或直接按键盘上的F7键打开或关闭图层面板（图1-16）。

2. 画笔面板

选择画笔工具，选择菜单—窗口—画笔，打开画笔面板，或直接按键盘上的【F5】键打开或关闭画笔面板，在画笔面板中可以设置画笔的大小、硬度、间距等参数（图1-17）。

3. 路径面板

选择钢笔工具，选择菜单—窗口—路径，打开或关闭路径面板，用钢笔工具和形状工具来绘制路径（图1-18）。

图1-16

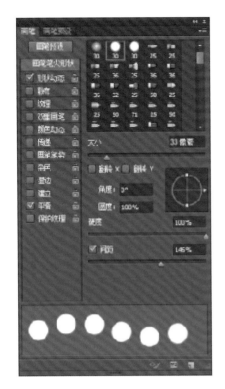

图 1-17

图 1-18

图 1-19

4. 字符面板

字符面板可以编辑文字的字体、大小、行距和间距等属性（图1-19）。

5. 历史记录面板

Photoshop 的每一步操作都记录在历史记录面板中，执行快捷键 Ctrl+Z 可以恢复图像或指定恢复操作（图1-20）。

6. 动作面板

可以用来录制操作过程，以实现操作自动化处理图像。后面章节自动上色命令和制作车线命令是通过该面板完成（图1-21）。

注意：（1）初学者应该熟练面板的打开、关闭、合并与分开操作。

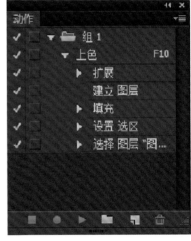

图 1-20

图 1-21

（2）工具与控制面板是对应的关系，部分控制面板要在对应的工具下才能进入编辑状态。

第4节　键盘功能键

电脑键盘是把文字等控制信息输入电脑的最主要通道，各个品牌的键盘布局设计略有差别，笔记本和台式电脑的键盘设计也有所差别，初学者在学习 Photoshop 软件时，需要熟练操作的按键有 Ctrl、Shift、Alt、Enter、Esc、Delete 等，在学习的过程中慢慢熟悉了解它们的含义和功能（表1-2、图1-22）。

表1-2

英文	含义	操作说明	中文名称
Ctrl	选择、切换到移动工具	选择图层、选择路径等	控制键
Shift	正、连续、加	绘制选区、绘制形状路径等	上档键
Alt	中心、减、快捷键启动键	绘制选区、绘制形状路径等	换档键
Enter	确认、完成键	自由变换、参数输入确认等	回车键
Esc	退出操作	自由变换、多边形套索等	退出键
Delete	删除对象	删除输入内容、图层、路径等	删除键

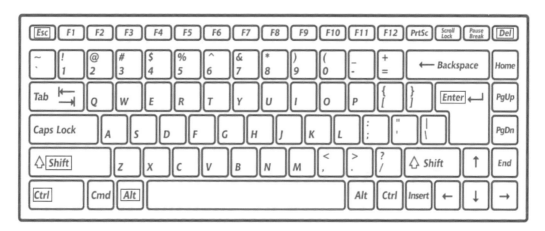

图 1-22

第5节　软件修改

1. 性能优化

菜单—编辑—首选项—性能，将软件暂存盘全部勾选，历史记录设置为200（最大可设置1000），但历史记录越多电脑缓存越大（图1-23、图1-24）。

2. 快捷键修改

菜单—编辑—键盘快捷键，或者 Ctrl+Shift+Alt+K，选择编辑，将"还原/重做"的快捷键改为 Ctrl+Alt+Z，"后退一步"的快捷键改为 Ctrl+Z（图1-25、图1-26）。

图 1-23

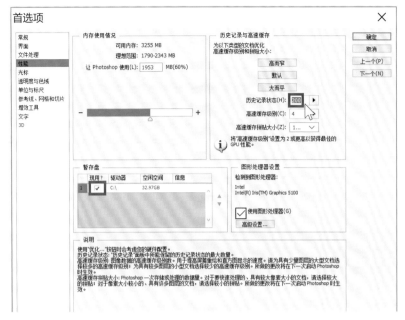

图 1-24

图 1-26

图 1-25

本章小结

本章是零基础的学生学习 Photoshop CS6 软件绘图的导入课程，从整体上介绍了软件入门的基础知识和基本操作，初学者需要熟悉软件界面布局以及键盘功能键分布，养成识记一些快捷键的习惯，这些内容有助于初学者更快、更好地学习鞋类 PS 设计效果图，为后续章节内容的学习打下必要的基础。

本章练习

1. 复习本章节的知识，写出下列工具快捷键

（1）移动工具（　　）　　（2）魔棒工具（　　）　　（3）文字工具（　　）　　（4）钢笔工具（　　）

（5）选框工具（　　）　（6）橡皮擦工具（　　）　（7）画笔工具（　　）　（8）裁剪工具（　　）

2.控制面板快捷键或打开方式

（1）图层面板（　　）　（2）画笔面板（　　）　（3）路径面板（　　）　（4）字符面板（　　）

（5）历史记录面板（　　）　（6）画笔预设（　　）　（7）默认前景色、背景色（　　）

（8）交换前景色、背景色（　　）

3.如何设置暂存盘和历史记录状态

第2章　图像操作

课时分配：

共2课时，理论1课时，实践1课时。

学习目标：

通过本章的学习，掌握新建图像、保存图像格式、打开和关闭图像、画面缩放、屏幕显示模式的操作方法、颜色模式的转换以及对应操作的快捷键，学生注重提高工作效率，抓住学习重点，多次练习，在实践中总结经验，加深对知识的理解与应用。

技能要求：

学生要熟练图像操作的快捷方式，灵活操作软件，注意反复练习、勤于思考，为后续章节的学习打下夯实基础。

第1节　新建图像文件

1.新建图像文件

（1）执行：菜单—文件—新建，或者快捷键 Ctrl+N（图 2-1）。

（2）预设：国际标准纸张；大小：A4；分辨率：300；颜色模式：RGB；其他默认（图 2-2）。

（3）图像—图像旋转—旋转 90°，该页面尺寸是今后作图的统一图像规格（图 2-3）。

2.存储预设

在新建窗口中设置尺寸等信息后，存储预设，预设名称设置为"设计常用"（图 2-4）；存储预设是方便用户打新建文件时，在预设下拉菜单中快捷选择已预设模版（图 2-5）。注意：文件参数设置好之后存储预设。

图 2-1

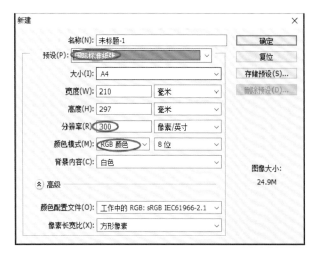

图 2-2　　　　　　　　　　　　　　　　　　　　图 2-3

图 2-4　　　　　　　　　　　　　　　　　　　　图 2-5

第 2 节　保存图像文件

1. 保存图像文件

执行：文件—存储 / 存储为，或快捷键 Ctrl+S 存储，或 Ctrl+Shift+S 存储为，因为电脑和 PS 软件的不稳定性，建议大家常按 Ctrl+S 保存文件，以免文件丢失（图 2-6）。

2. 图像格式

存储的常用格式有 Photoshop 的默认 PSD 格式及 JPG、BMP、PNG 等格式（图 2-7）。

（1）JPG 是最常用的图片格式，是在不影响可分辨的图片质量的前提下，尽可能的压缩文件大小。

（2）BMP 是一种比较老的图片格式，是无损的，但同时这种图片格式几乎没有对数据进行压缩，所以该格式的图片通常是较大的文件。

（3）PNG 格式支持透明度的调节，可以保存透明背景图片。

第 3 节　打开和关闭图像文件

1. 打开图像文件

（1）执行 Ctrl+O 组合键，可以打开电脑本地指定的图像文件（图 2-8）。

（2）如果想打开多个图像文件，可以将多个图像文件同时拖动进来打开。操作方法为：选择多个文件后将光标放置于图像文件标题栏处，出现"复制"时才松手，方可依次打开多个图像文件（图2-9）。

图2-6

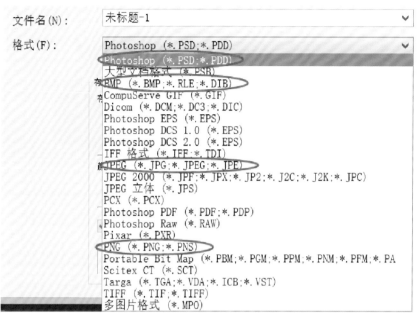

图2-7

图2-8

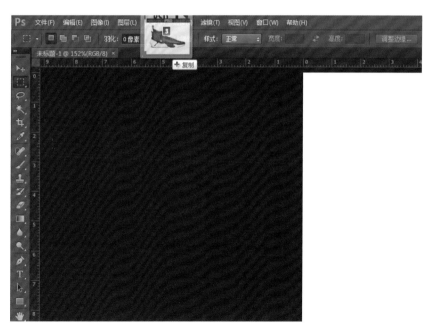

图2-9

2. 关闭图像文件

（1）关闭图像文件的方法很多，单击图像窗口标题栏右侧的关闭按钮，关闭图像文件（图2-10）。

（2）可以执行快捷键Ctrl+W关闭文件，Ctrl+Alt+W是同时关闭全部打开的图像文件，按下Ctrl+Q是关闭PS软件（图2-11）。

图 2-10　　　　　　　　　　　　　　　　图 2-11

第4节　标尺与图像缩放

1. 标尺

（1）Ctrl+R，显示 / 隐藏标尺，可以查看图片尺寸信息（图 2-12）。

（2）在显示标尺的情况下，光标从边缘标尺处往内拖动，形成横向和纵向的参考线，Ctrl+ 左键，往外移动可删除参考线（图 2-13）。

2. 图像缩放

（1）图像缩放的方法很多，最快捷的缩放方式是：按 Alt 键 + 鼠标滚轮，可以缩放图像，Alt 键 + 鼠标滚轮往前滚动放大，Alt 键 + 鼠标滚轮往后滚动缩小。

（2）空格键 + 鼠标右键，可以切换到：按屏幕大小缩放、实际像素、打印尺寸三种图像显示模式，用户可以根据实际需要切换到不同的缩放模式（图 2-14）。

（3）其他缩放方法：

① Ctrl+ 空格 + 左键单击 = 放大

② Alt+ 空格 + 左键单击 = 缩小

③ Ctrl + 键盘【 + 】= 放大

④ Ctrl + 键盘【 – 】= 缩小

⑤ Ctrl+0= 按屏幕大小缩放

图 2-12

图 2-13

3.移动图像

在视图放大的情况下，按空格＋左键，移动图像，从而显示图像局部细节（图2-15）。

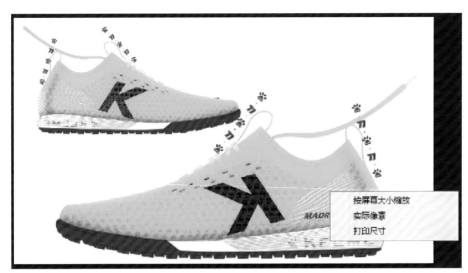

图2-14

图2-15

第5节　网格、智能参考线与对齐

（1）Ctrl+【"】，显示/隐藏网格（图2-16）。

（2）菜单：视图—显示—智能参考线，显示/隐藏智能参考线（图2-16）。

（3）菜单：视图—显示—像素网格，显示和隐藏像素网格（图2-16）。

（4）菜单：视图—对齐—对齐到网格/参考线，辅助绘制标准对齐的对象（图2-17）。

（5）Ctrl+K，常规—取消"将矢量工具与变换与像素网格对齐"（图2-18）。

图2-16

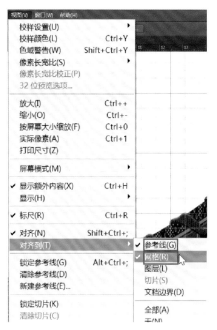

图 2-17　　　　　　　　　　　　　　　　　　　图 2-18

第6节　屏幕显示模式和图像模式

1. 切换屏幕显示模式

在英文输入状态下，通过快捷键【F】，循环切换以下三种屏幕显示模式。

（1）标准屏幕模式（图 2-19）。

（2）带有菜单栏的全屏模式（图 2-20）。

（3）全屏模式（图 2-21）。

图 2-19

图 2-20

图 2-21

2. 界面显示

（1）Tab 键显示 / 隐藏工具箱和控制面板（图 2-22）。

（2）Shift+Tab 显示 / 隐藏各种控制面板，左侧工具箱仍显示（图 2-23）。

图 2-22

图 2-23

3. 转换图像模式

在模式下拉菜单中，有位图、灰度、RGB 颜色、CMYK 颜色、Lab 颜色等选项，通常选择 RGB 颜色模式或者 CMYK 颜色模式。菜单：图像—模式—RGB 颜色 /CMYK 颜色 / 灰度（图 2-24）。

图 2-24

本章小结

本章知识点难度不大，属于掌握软件操作的导入课程，了解图像基本处理方法。本章要求同学熟练图像操作快捷方法，重点是了解图像格式的保存及不同颜色模式的转换和应用范围。

本章练习

复习并运用本章节的知识，打开素材文件（图 2-25）进行如下操作：

（1）将文件的颜色模式改为 CMYK，储存为当天日期命名的 PSD 格式文件。

（2）查看图像文件的尺寸信息，储存为当天日期命名的 JPG 格式文件。

（3）储存为当天日期命名的 PNG 格式文件。

（4）储存为当天日期命名的 BMP 格式文件。

图 2-25

第 3 章 选区专题

课时分配：

共 4 课时，理论 2 课时，实践 2 课时。

学习目标：

通过本章的学习，掌握用选框工具、多边形套索工具、魔棒工具建立选区的方法，重点学习选区的修改方法，识记操作的快捷键，在实践中总结经验，加深对知识的理解和应用。

技能要求：

学生要具备熟练、灵活操作选区的能力，理解选区对绘图的重要性，灵活应用新选区、添加到选区、从选区中减去、与选区交叉的操作。注意反复练习、勤于思考，为后续的选区上色与修改颜色打下基础。

第 1 节 选框工具

（1）选择矩形选框工具：左键绘制自由矩形选区（图 3-1）；按 Shift 键则可以画正方形选区（图 3-2）；取消选区按 Ctrl+D。

（2）选择椭圆选框工具：左键绘制自由椭圆选区（图 3-3）；按 Shift 键则可以绘制正圆选区（图 3-4）；取消选区按 Ctrl+D。

（3）选择矩形选框工具：Alt+Shift 键 + 左键，可以绘制从中心往外的正方形选区（图 3-5）；选择椭圆选框工具，Alt+Shift 键 + 左键，可以绘制从中心往外的正圆选区（图 3-6）。

图 3-1

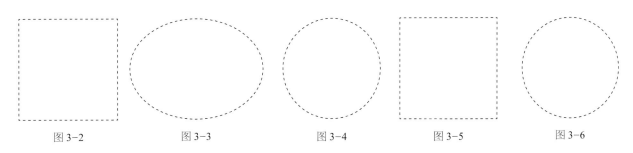

图 3-2　　　　　　图 3-3　　　　　　图 3-4　　　　　　图 3-5　　　　　　图 3-6

第 2 节 多边形套索工具

套索工具的快捷键是【L】，长按套索工具图标，在弹出的工具组中选择"多边形套索工具"，它是建立多边形选区的工具（图 3-7）。本节重点阐述多边形套索工具的使用方法，使用多边形套索工具可以建立不规则形状的多边形选区，如三角形、梯形等多边形选区。在画面中单击绘制点，双击建立首尾连接的选区（图 3-8）。后退操作不通过 Ctrl+Z 来执行，只能按"退格键"或 Delete 键；取消当前操作按 Esc 键。

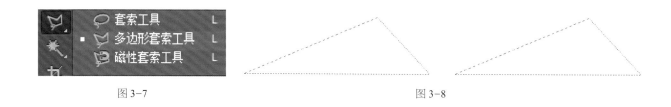

图 3-7   图 3-8

第 3 节　魔棒工具应用

魔棒工具的快捷键是【W】，在有像素内容的情况下，魔棒用来建立选区，选取颜色相同或相近的区域。容差设置越大，选区的范围越大（图 3-9、图 3-10）。

图 3-9

图 3-10

第 4 节　修改选区

1. 选区修改选项

在选框工具、套索工具和魔棒工具的状态下，工具属性栏都有四个选区修改选项，依次叫作新选区、添加到选区、从选区中减去、与选区交叉（图 3-11）。

（1）■新选区：只能建立单个选区。在该工具前提下，将鼠标指针移到选取范围内，可以移动选区，在其他选择状态下不能移动选区。

（2）■添加到选区：多次绘制，可以建立多个同时存在的选区。

（3）■从选区中减去：新绘制的选区与原来选区重叠的部分被删除。

（4）■与选区交叉：新绘制的选区与原来选区重叠的部分保留。

图 3-11

2. 选区修改的综合案例

（1）矩形选框工具绘制如图选区（图 3-12）。

（2）选择多边形套索工具，选择减去顶层■，绘制如图套索形状（图 3-13）；双击后选区重叠的部分被减去。这里是运用两种工具来绘制复杂选区的方法，效果如图 3-14 所示。

图 3-12

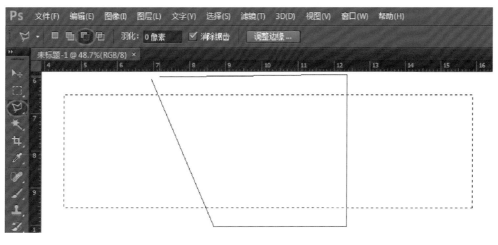

图 3-13

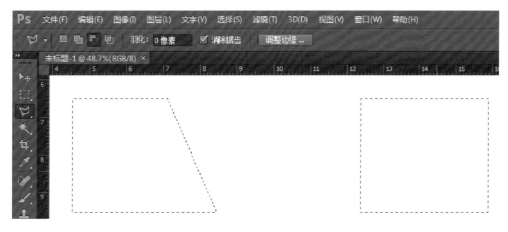

图 3-14

第 5 节　选区扩展与收缩

1. 选区扩展

椭圆选框工具绘制椭圆选区（图 3-15），执行 Alt+S+M+E，扩展量设置为 12（图 3-16），确认后效果如图 3-17 所示。

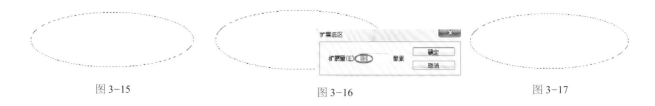

图 3-15　　　　　　　　　　　　图 3-16　　　　　　　　　　　　图 3-17

2. 选区收缩

椭圆选框工具绘制椭圆选区（图 3-18），执行 Alt+S+M+C，收缩量设置为 12（图 3-19），确认后效果如图 3-20 所示。

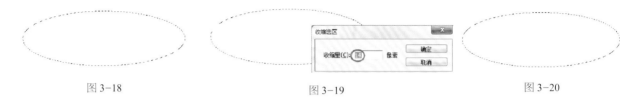

图 3-18　　　　　　　　　　　　图 3-19　　　　　　　　　　　　图 3-20

第 6 节　选区的其他操作

1. 全选

Ctrl+A，建立画面最大范围的选区（图 3-21）。

2. 取消选区

Ctrl+D，取消画面的单个或者所有的选区（图 3-22）。

3. 重启选区

Ctrl+Shift+D，重启选区是可以重新显示上一步或者上几步隐藏的选区（图 3-21）。

图 3-21　　　　　　　　　　　　图 3-22

4. 变换选区

（1）椭圆选框工具绘制如图选区，右键—变换选区（图 3-23）。

（2）编辑控制点，对选区进行变换（图 3-24）。

5. 存储与载入选区

（1）选择—存储选区，在弹出的窗口中输入选区的名称（图 3-25、图 3-26）。

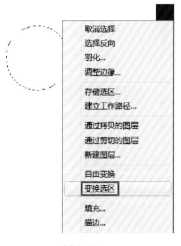

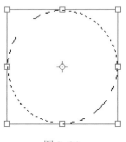

图 3-23　　　　　　　　图 3-24

图 3-25

图 3-26

（2）选择—载入选区，在弹出的窗口中选择载入选区的名称（图 3-27、图 3-28）。

6. 选区填色

（1）选择矩形选框工具，绘制矩形选区（图 3-29）。

（2）设置前景色为蓝色：Alt+Delete 键，填充前景色"蓝色"（图 3-30）。

（3）设置背景色为黑色，Ctrl+Delete 键，填充背景色"黑色"（图 3-31）。

7. 羽化选区

执行：快捷键 Shift+F6，或右键—羽化，设置羽化半径的大小（图 3-32）。我们可以观察，没有羽化选区的填色效果边缘是清晰分明

图 3-27

图 3-28

图 3-29

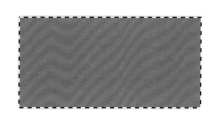

图 3-30

021

图 3-31

图 3-32

（图 3-33），经过羽化后填充的颜色边缘有模糊虚化效果（图 3-34）。

8. 反选

绘制矩形选区，快捷键 Ctrl+Shift+I，执行该命令可将当前选取范围反选，即以相反的范围建立选区（图 3-35、图 3-36）。

图 3-33

图 3-34

9. 选取相似

菜单—选择—选取相似。"选区相似"操作可以快速把画面中所有相似颜色的对象同时建立选区。

（1）在画面中绘制矩形绿色块（图 3-37）。

（2）选择魔棒工具，建立矩形的选区（图 3-38）。

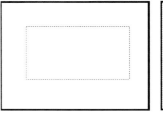

图 3-35

图 3-36

（3）右键—选取相似（图 3-39），画面中所有颜色相近的对象都建立了选区（图 3-40）。

图 3-37

图 3-38

图 3-39

图 3-40

本章小结

　　本章系统学习选框工具、多边形套索工具、魔棒工具等建立选区的方法（路径建立选区的方法在后面章节中讲解），理解选区在鞋类绘图过程中发挥的作用，懂得运用以上这几种建立选区的工具绘制复杂选区的方法。另外，选区也用来填充颜色、修改或删除对象等，灵活使用选区羽化、填色操作对后续学习有重要的意义。

本章练习

　　复习并运用本章节的知识，绘制七彩同心圆（图3-41）。

1. 通过"变换选区"的方法绘制七彩同心圆

（1）新建文件：A4文件，RGB模式，300dpi，图像旋转90°。

（2）选择椭圆选框工具：按住Shift+Alt键，绘制正圆选区，填充红色，右键—变换选区，等比例收缩选区到合适大小，填充黄色。

（3）依此方法绘制如图七彩同心圆。

（4）文件名称为学号+姓名，保存PSD格式的图像文件。

2. 思考并尝试通过"收缩选区"的方法绘制同心圆（图3-42）

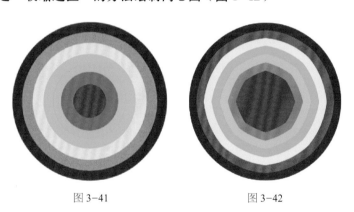

图3-41　　　　　　　　　　　图3-42

第4章　绘图专题

课时分配：

共6课时，理论2课时，实践4课时。

学习目标：

通过本章学习画笔工具、橡皮擦工具、加深减淡工具、文字工具、渐变工具的绘图原理以及操作方法，抓住学习重点，反复练习，在实践中总结经验，加深对绘图操作的理解和应用。

技能要求：

学生熟练掌握各种绘图工具的使用技巧、绘制原理，要反复练习、勤于思考，为后续的学习打下夯实基础。

第1节　画笔工具应用

（1）选择画笔工具：快捷键【B】。在工具属性栏中，可以设置画笔大小、不透明度、流量等参数（图4-1）。

图4-1

（2）单击画笔工具属性栏中的"小三角"，可以设置画笔大小和硬度，也可以在窗口中选择各种笔刷（图4-2）。

（3）画笔笔头变大的快捷键："}"，画笔笔头变小的快捷键："{"。注意：改变笔头大小，必须在输入法英文状态下才能正常显示。

（4）选择画笔工具：【F5】键调出画笔面板，在窗口左侧选择"画笔笔尖形状"，设置更多画笔属性（图4-3）；选择"形状动态"，设置角度抖动中的控制为"方向"，其他选项可以根据绘图需要设置（图4-4）。

图4-2

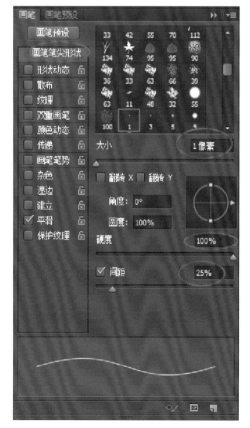

图4-3

图4-4

第 2 节　橡皮擦工具应用

（1）选择橡皮擦工具：快捷键【E】。在工具属性栏中，可以设置橡皮擦大小、不透明度、流量等参数（图4-5）。

图 4-5

（2）单击橡皮擦工具属性栏中的"小三角"，弹出橡皮擦窗口，设置橡皮擦大小和硬度，也可以选择不同笔刷（图4-6）。

（3）选择橡皮擦工具：【F5】键调出橡皮擦面板，选择"画笔笔尖形状"，设置更多橡皮擦属性（图4-7）；选择"形状动态"，设置角度抖动中的控制为"方向"，其他选项可以根据绘图需要设置（图4-8）。注意：这里我们可以看出橡皮擦工具和画笔工具是同一个控制面板，而且设置的参数也基本一致。

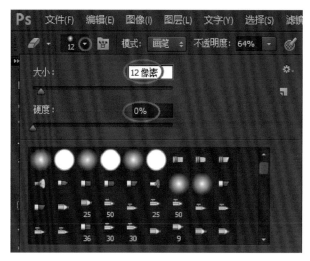

图 4-6

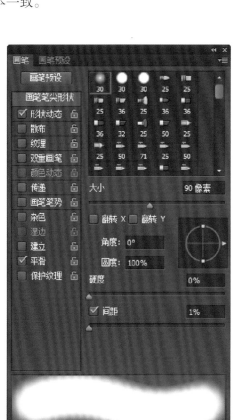

图 4-7

图 4-8

第3节 加深与减淡工具应用

1. 加深和减淡工具

加深和减淡工具一样可以设置画笔笔头，也可以设置笔头大小（"【"键，笔头变小；"】"键，笔头变大）和硬度，可以设置范围和曝光度。加深工具跟减淡工具原理相似，可以在绘制的过程中体验不同参数的绘制效果（图4-9、图4-10）。

图4-9

图4-10

2. 加深和减淡工具的应用

（1）减淡工具：多次涂抹，颜色变浅，一般用来绘制对象亮部（图4-11）。

（2）加深工具：多次涂抹，颜色变暗，一般用来绘制对象暗部（图4-12）。

图4-11

图4-12

第4节 文字工具应用

（1）选择文字工具：快捷键【T】。在工具属性栏中可以设置字体、大小、对齐方式等（图4-13）。

图4-13

（2）单击工具属性栏图标，弹出文字字符面板，继续设置段落行距、字间距、外观等效果（图4-14）。

（3）选择文字工具：在工作区单击输入文字；快捷键：Ctrl+回车键，结束文字编辑（图4-15）。

（4）选择文字工具：左键拖动，在画面中绘制文字区域，可以输入如图区域文字，区域文字的特点是可以自动换行，方便后期文字工具的调整（图4-16、图4-17）。

（5）右键—栅格化文字。栅格化是将文字图层转化为普通图层，栅格化后的图层才能进行擦除、加深和减淡等操作（图4-18）。

图4-14

中国鞋类设计师联盟

图4-15

晋江华侨职业中
专学校—鞋类设
计与管理专业

图4-16

福建意尔康体育用品
有限公司　福建意尔
康体育用品有限公司

图4-17

三基设技能教育培训

图4-18

第5节　渐变工具应用

1. 渐变工具属性栏

渐变工具可以创建多种颜色间的渐变混合，在图像的某一区域中填入一种具有多种颜色过渡的混合色。【G】键选择渐变工具，可以在工具属性栏中设置渐变的样式，常用的有线性渐变和径向渐变（图4-19）。

2. 渐变编辑器

（1）单击图标，弹出渐变编辑器，在弹出的窗口中选择渐变预设颜色（图4-20～图4-22）。

图4-19

图4-20

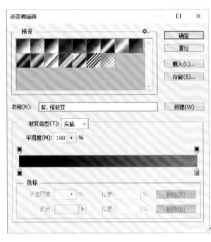 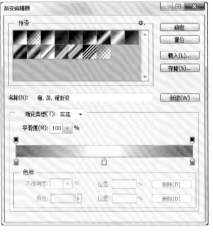

图 4-21　　　　　　　　　　　　　图 4-22

（2）选择下方的色标，可以设置渐变的颜色（图 4-23）；选择上方的色标，可以设置渐变颜色的不透明度（图 4-24）。注意：可以在对应位置单击添加色标、拖动删除色标等操作。

（3）绘制矩形选区，选择渐变工具，在渐变编辑器中选择"铜色渐变"（图 4-25），在选区内拖动，绘制铜色渐变色（图 4-26）。

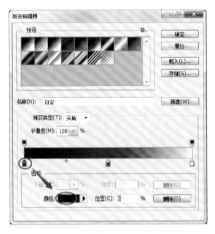  

图 4-23　　　　　　　　　　图 4-24　　　　　　　　　　图 4-25

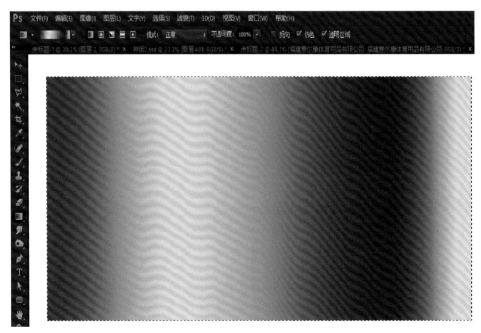

图 4-26

本章小结

本章绘图工具涉及的知识点较多，难点在于掌握不同绘图工具的用途，重点了解工具属性栏、控制面板的参数设置，而参数设置的含义需要多次操作才能加深理解。本章的难点是学习画笔和渐变工具的应用。绘图工具还包括了吸管工具和涂抹工具，操作比较简单，可以通过自学来掌握。

本章练习

1. 复习并运用本章节的知识，用画笔工具绘制球体

（1）新建宽、高都是 800 像素、RGB 模式、120 分辨率的图像文件，椭圆选框工具绘制正圆选区（图 4-27）；为选区填充浅灰色（图 4-28）。

（2）前景色设置为较深的灰色，画笔工具大小和硬度设置如图 4-29 所示；绘制球的暗部（图 4-30）。

（3）前景色设置为白色，画笔绘制亮部区域（图 4-31）；画笔工具单击边缘绘制反光（图 4-32）；Ctrl+D 取消选区（图 4-33）。

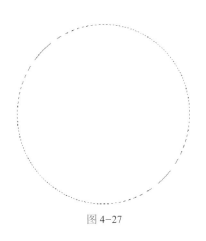

图 4-27

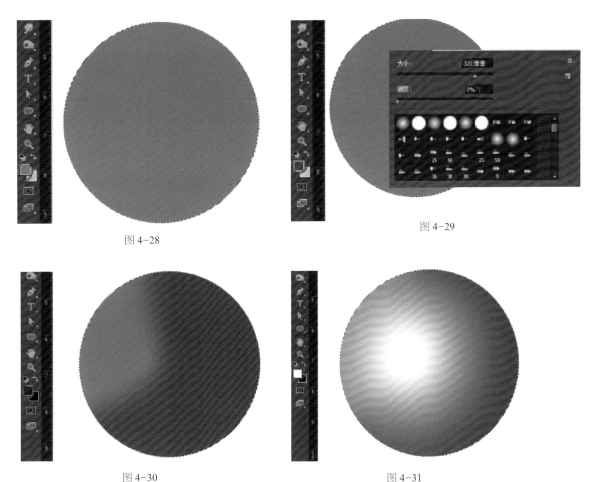

图 4-28

图 4-29

图 4-30

图 4-31

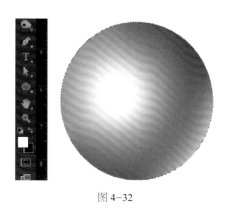

图 4-32

图 4-33

2. 思考并尝试通过使用加深减淡工具绘制球体（图 4-34）

3. 制作铆钉（图 4-35）

（1）选框工具建立矩形选区。

（2）选择渐变工具，拉出铜色渐变。

（3）Ctrl+T，自由变换，执行透视变换。

（4）去色：Ctrl+Shift+U，最终效果如图。

（5）Ctrl+S 保存文件名为当天日期、格式为 JPG 的图像文件。

图 4-34

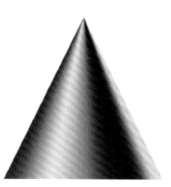

图 4-35

第 5 章　图层专题

课时分配：

共 4 课时，理论 2 课时，实践 2 课时。

学习目标：

通过本章的学习，掌握图层属性的认识、图层面板和图层快捷操作，以及图层操作的快捷键和图层面板的管理。了解图层对效果图表现的重要性，抓住学习重点，反复练习，在实践中总结经验，加深对图层操作的理解。

技能要求：

学生要熟练管理图层面板，修改图层、灵活处理图层关系，特别是调整图层顺序的操作，注意反复练习、勤于思考，为后续的学习打下基础。

第 1 节　认识图层

1. 新建图层

【F7】调出图层面板，单击图层面板中的新建图层按钮，或者 Ctrl+Shift+N+ 回车键，新建图层

图 5-1

（图 5-1、图 5-2）。

2. 图层命名

双击图层名称，可以重新命名图层（图 5-3、图 5-4）。

3. 显示 / 隐藏图层

单击图层左边的眼睛图标，可以显示或隐藏图层内容（图 5-5、图 5-6）。

4. 当前图层

当前图层是指在图层面板中浅蓝颜色显示的选中图层，如

图 5-2

图 5-3

图 5-4

图 5-5

图 5-6

"图层 2"。单击图层面板的空白区域可以取消图层选择。注意：没有选择图层就不能进行上色或者描边等操作（图 5-7、图 5-8）。

图 5-7

图 5-8

5. 图层类型（图 5-9）

（1）背景图层。新建图像默认白色背景图层，一般背景图层上不会绘制对象。

（2）普通图层。新建的普通图层都是透明图层，运用各种工具在透明图层上绘制内容，形成图层之间遮挡与被遮挡的关系。

（3）文字图层。使用文字工具输入文字后自动新建的图层，文字图层可以栅格化转化为普通透明背景的普通图层。

（4）智能对象图层。将图片拖进来，确认后自动形成的图层，智能对象也可以栅格化。

（5）形状图层。钢笔工具和形状工具可以建立形状图层，形状图层可以被栅格化。

图 5-9

6. 图层内容载入选区

Ctrl+ 单击预览图，可以将图层内容载入选区，也可以执行快捷键：Alt+S+O（图 5-10）。

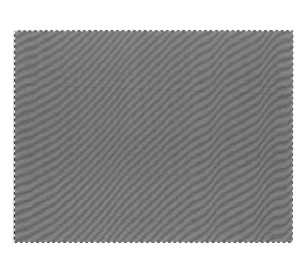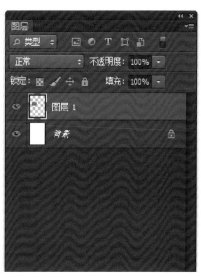

图 5-10

7. 创建剪贴蒙版操作

（1）新建"图层 1"，矩形选框工具绘制正方形选区，Alt+Delete 填充红色（图 5-11）。

（2）Ctrl+D 取消选区，Ctrl+J 制作"图层 1 副本"和"图层 1 副本 2"（图 5-12）。

（3）将"图层 1 副本 2"换成蓝色，"图层 1 副本"换成黄色（图 5-13）。

（4）选择移动工具：移动蓝色块和黄色块，排列效果如图 5-14 所示。

（5）选择蓝色块图层：Ctrl+Alt+G，将蓝色块建立剪贴蒙版（图 5-15）。

（6）选择黄色块图层：Ctrl+Alt+G，将黄色块建立剪贴蒙版（图 5-16）。

（7）Ctrl+Alt+G 取消剪贴蒙版，Ctrl +G 将三个色块图层编为"组 1"（图 5-17）。

（8）在"组 1"上新建图层，建立椭圆选区（图 5-18）。

（9）选区填充绿色后，Ctrl+Alt+G 创建"组 1"的剪贴蒙版（图 5-19）。

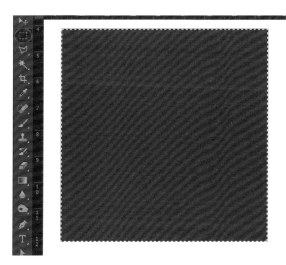

图 5-11

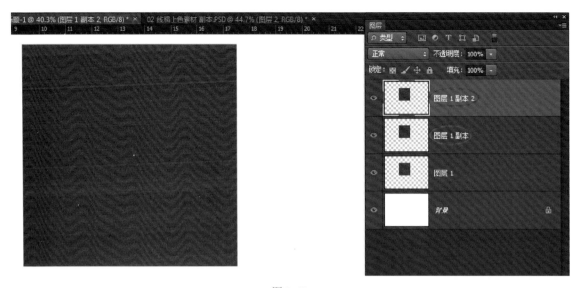

图 5-12

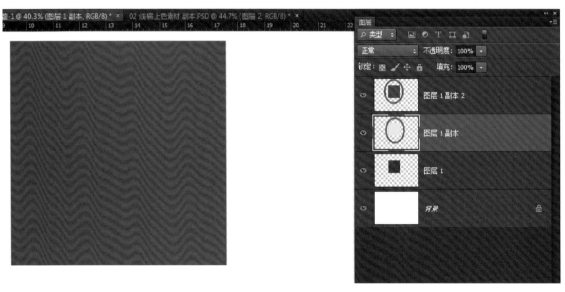

图 5-13

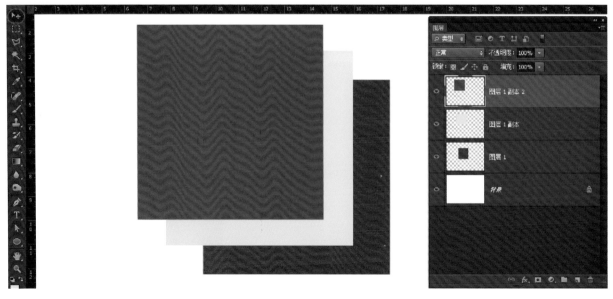

图 5-14

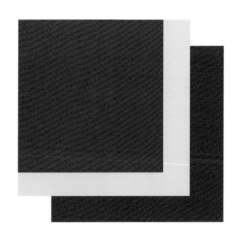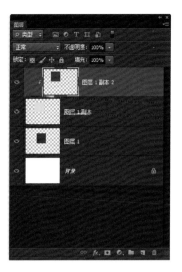

图 5-15

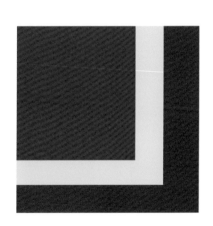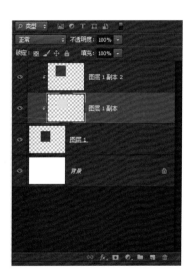

图 5-16

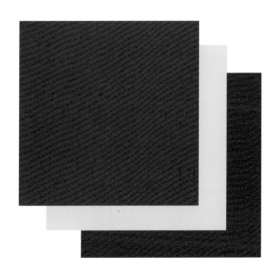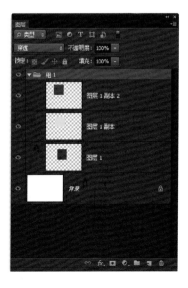

图 5-17

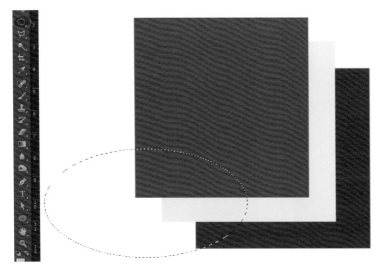

图 5-18

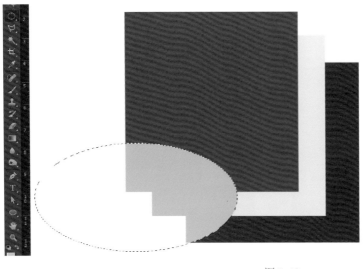

图 5-19

第 2 节　图层面板参数设置

1. 色彩混合模式（图 5-20）

（1）正常：默认模式，绘制出来的颜色会盖住原有的底色或下面的图层颜色。

（2）正片叠底：将底色与上层颜色相乘，结果颜色是较暗的颜色。

（3）柔光：柔光是在做亮部的时候经常采用的混合模式，过渡自然。

2. 不透明度

不透明度可以设置为 0~100%。数值越小颜色越淡，呈现半透明效果，降低填充百分比同时影响图层样式效果（图 5-21）。

3. 填充

填充可以设置为 0~100%，对已经带有图层样式的图层，降低填

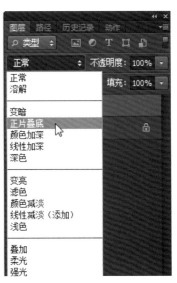

图 5-20

充百分比不影响图层样式效果，后续课程会详细讲解（图 5-21）。

图 5-21

第 3 节 图层快捷操作

1. 复制图层、分离图层、合并图层

（1）选择"图层 1"，Ctrl+J 制作"图层 1 副本"（图 5-22、图 5-23）。

（2）选择矩形选框工具，建立如图选区，Ctrl+Shift+J 将"图层 1"分为"图层 1"和"图层 2"两个图层（图 5-24、图 5-25）。

（3）选择"图层 1"和"图层 2"，执行 Ctrl+E 合并图层（图 5-26、图 5-27）。

2. 删除当前图层

单击删除按钮，删除当前图层（图 5-28），或右键—删除图层（图 5-29），CS6 版本可以直接按 Delete 键删除当前图层。

图 5-22

图 5-23

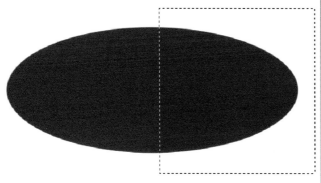

图 5-24

图 5-25

图 5-26

图 5-27

图 5-28 图 5-29

3. 图层编组

选中"图层 1""图层 2"和"图层 3",Ctrl+G 编为"组 1"(图 5-30、图 5-31)。

图 5-30 图 5-31

4. 调整图层（组）顺序

在图层面板中，图层或图层组的上下位置关系决定了工作区对象的遮挡关系，上面的图层或图层组会遮挡下面的图层或图层组，特别是在图层较多的情况下，学生要熟练操作调整图层顺序（表 5-1）。

表5-1

序号	图层移动	快捷键
1	图层（组）上移	Ctrl+】
2	图层（组）下移	Ctrl+【
3	图层（组）置顶	Ctrl+Shift+】
4	图层（组）置底	Ctrl+Shift+【
5	自由移动	鼠标左键拖动图层在面板中的位置

5. 图层内容载入选区的综合操作

（1）绘制红、绿、蓝单个圆形，分别放置于"图层 1""图层 2"和"图层 3"（图 5-32）。

（2）Ctrl+ 单击红色圆图层缩略图，将红色圆载入选区，Ctrl+Shift+Alt 单击绿色圆图层缩略图，建立红绿圆的交叉选区（图 5-33）。

（3）新建"图层 4"，填充黄色（图 5-34）。

（4）同样的方法建立红色圆与蓝色圆的交叉选区，新建"图层 5"，填充紫色（图 5-35）。

（5）同样的方法建立绿色圆与蓝色圆的交叉选区，新建"图层 6"，填充青色（图 5-36）。

（6）建立"图层 5"与"图层 6"的交叉选区，新建"图层 7"，填充白色，完成三原色加色原理图的绘制（图 5-37）。

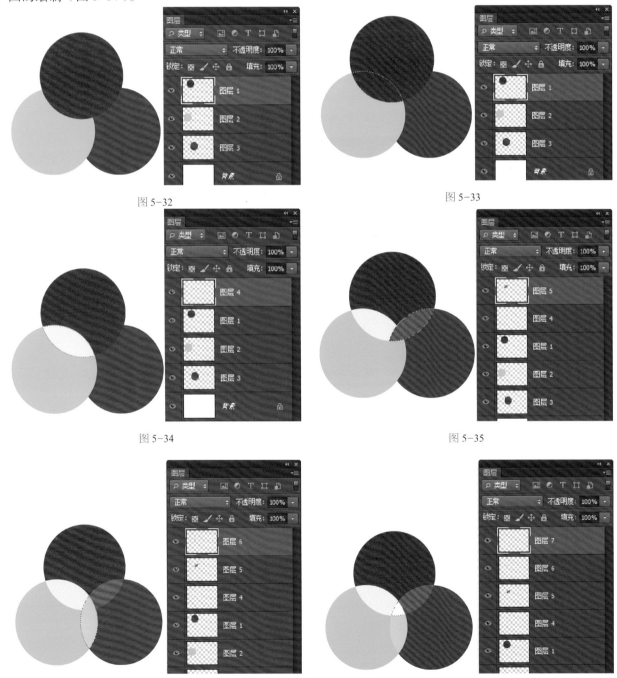

图 5-32　　　　　　　　　　　　　　　　图 5-33

图 5-34　　　　　　　　　　　　　　　　图 5-35

图 5-36　　　　　　　　　　　　　　　　图 5-37

6. 新建调整图层

（1）新建"图层 1"，绘制如图选区，填充蓝色（图 5-38）。

（2）执行 Alt+L+J+C，确认后创建新建调整图层（图 5-39、图 5-40）。

7. 快速选择图层

（1）Ctrl+ 右键，在弹出的窗口中选择所需图层，图层顺序自上而下排列，从而选择对应的图层（图 5-41）。

（2）Ctrl+Alt+ 右键可以自动选择图层，但在画笔、橡皮擦、加深减淡等工具状态下除外。

（3）选择移动工具在工具栏中勾选"自动选择"，这样能直接在绘图工作区单击选择对应的图层（图 5-42）。

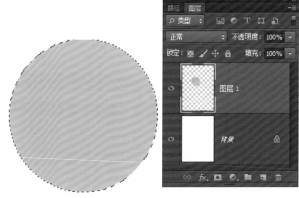

图 5-38

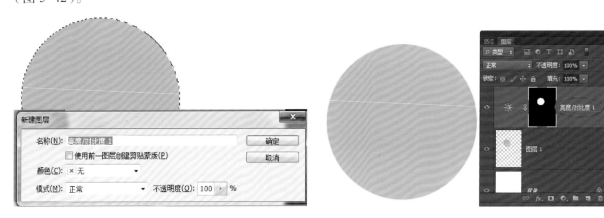

图 5-39　　　　　图 5-40

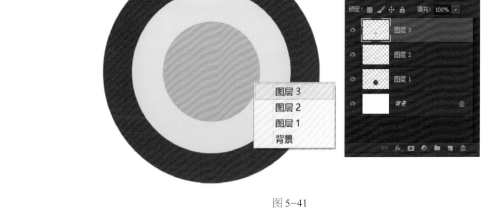

图 5-41

图 5-42

041

本章小结

图层是 PS 软件操作的重要基础，熟练图层面板的管理，特别是图层编组、图层上下遮挡关系及剪贴蒙版知识，为后续技巧课程和案例课程的学习打下必要的基础。图层是绘图和上色等操作的最直接载体，具体来说就是没有选择图层或图层隐藏等状态时，不能进行绘图操作；另外，没有选择对应的图层，也不能对该图层进行修改、删除等操作。

本章练习

复习并运用本章节的知识，绘制宝马标志（图 5-43）。

（1）新建宽、高都是 800 像素、RGB 模式、120 分辨率的新文件，将背景填充为暗红色。

（2）选择椭圆选框工具，绘制最外围正圆选区，新建图层，填充白色。

（3）右键—变换选区，等比例同中心缩小选区，新建图层，填充黑色。

（4）右键—变换选区，等比例同中心缩小选区，新建图层，填充白色。

（5）右键—变换选区，等比例同中心缩小选区，新建图层，填充蓝色。

（6）运用剪贴蒙版绘制白色部分。

（7）保存 PSD 格式文件。

图 5-43

第 6 章　路径专题

课时分配：

共 6 课时，理论 2 课时，实践 4 课时。

学习目标：

通过本章的学习，掌握钢笔工具和路径工具的使用方法及运用技巧。了解路径对效果图表现的重要性，抓住学习重点，反复练习，在实践中总结经验，加深对路径操作的理解。

技能要求：

学生要熟练使用钢笔工具绘制路径的方法，能够根据效果图绘制准确的路径，甚至能够自由绘制鞋的线稿路径，从而绘制鞋子的造型结构。

第 1 节　路径的编辑

1. 绘制直线路径

（1）窗口—路径，打开路径面板，选择钢笔工具，在路径工具属性栏中设置为"路径"，左键单击画面工作区，绘制三角形路径，同时在路径面板中出现"工作路径"（图 6-1）。

（2）双击"工作路径"，弹出存储路径窗口—确定，保存为"路径1"（图6-2、图6-3）。

（3）Shift+左键单击，可以在画面中绘制水平、垂直、45°夹角的直线路径。Ctrl+左键单击工作区空白处，结束路径编辑（图6-4）。

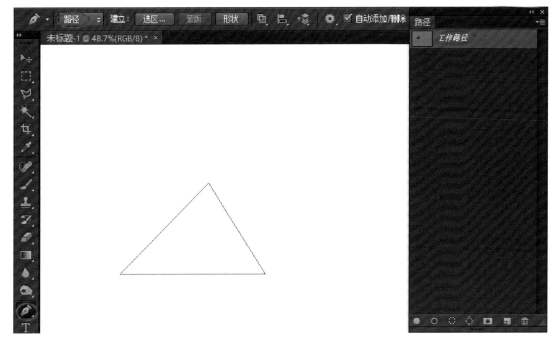

图6-1

图6-2　　　　　　　　　　　　　　　　　　图6-3　　　　　　　图6-4

2. 选择路径

选择路径包括激活路径、选中锚点、全选路径、全选多条路径、减选路径、移动路径、框选路径等操作，在操作的过程中要求熟练配合 Ctrl、Alt、Shift 和左键使用，具体操作方法参考表6-1。

表6-1

命令	操作方法	示意图	备注
激活路径	Ctrl+左键单击目标路径		激活路径的锚点是空心的
选中（多个）锚点	Ctrl+单击锚点，选中锚点，Ctrl+Shift+单击锚点，选择多个锚点		选中的锚点由空心变为实心

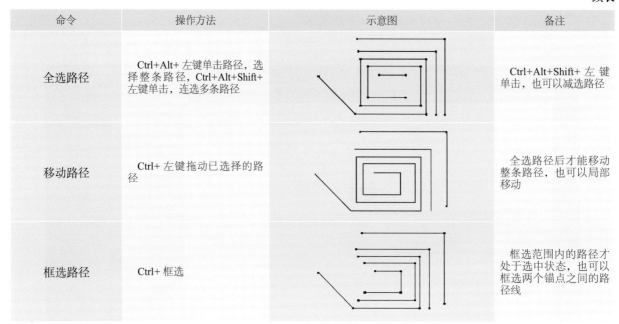

命令	操作方法	示意图	备注
全选路径	Ctrl+Alt+左键单击路径，选择整条路径，Ctrl+Alt+Shift+左键单击，连选多条路径		Ctrl+Alt+Shift+左键单击，也可以减选路径
移动路径	Ctrl+左键拖动已选择的路径		全选路径后才能移动整条路径，也可以局部移动
框选路径	Ctrl+框选		框选范围内的路径才处于选中状态，也可以框选两个锚点之间的路径线

3. 自动添加和删除锚点

激活路径的情况下，鼠标指针靠近激活的路径，鼠标指针右下角出现"加号"，单击自动添加锚点（图6-5）；激活路径，鼠标指针靠近激活的锚点，鼠标指针右下角出现"减号"，单击自动删除锚点（图6-6）。

图6-5   图6-6

4. 绘制弧线路径

绘制弧线路径，要求鼠标在单击的同时拖动拉出杠杆，首先要把握好路径锚点的位置准确，熟练控制杠杆的长度和方向。

绘制完成后可以按住 Ctrl 键完成：移动锚点的位置；调整杠杆的长度和方向；也可以直接调整两个锚点之间的路径弧度。另外，按住 Alt 键可以"折断"杠杆，可以单独控制杠杆一半的长度和方向，具体操作方法如表6-2。

表6-2

要点	操作方法	操作前	操作后
锚点位置	按住 Ctrl 键，拖动锚点位置，路径改变		
杠杆长短	按住 Ctrl 键，杠杆延长，线条弧度饱满		

续表

要点	操作方法	操作前	操作后
杠杆方向	按住 Ctrl 键，改变杠杆方向，路径变化		
调整弧度	按住 Ctrl 键，鼠标左键拖动两个锚点之间的路径来改变路径弧度，此方法要求在路径工具属性栏中，勾选"约束路径拖动"		
折断杠杆	按住 Alt 键，"折断"路径		

5. 路径断开与闭合

（1）选择椭圆工具绘制路径（图 6-7）；选择钢笔工具，在需要断开的位置自动添加 3 个锚点（图 6-8）；然后选中中间的锚点（图 6-9）。

（2）单击 Delete 键，删除选中的锚点，注意删除锚点的时候必须选中任意一个图层才能删除（图 6-10）。

（3）鼠标靠近路径末端，光标右下角出现连接符号（图 6-11），单击连接两端（图 6-12）。

6. 路径载入选区

路径在绘制鞋的效果图时，经常要用到将路径转化为选区，然后上色或者修改对象等操作，在这里提供路径载入选区的两种方法。

方法一：

（1）钢笔工具绘制闭合形状路径（图 6-13）。

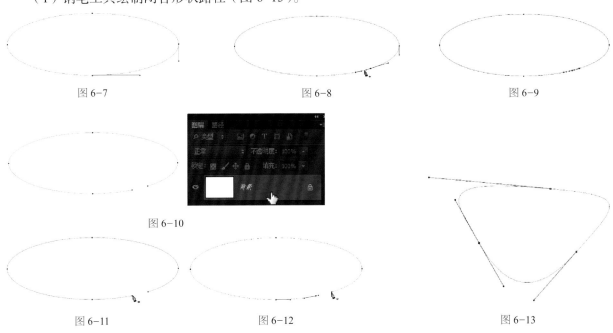

图 6-7　　　　　　　　　　　　图 6-8　　　　　　　　　　　　图 6-9

图 6-10

图 6-11　　　　　　　　　　　　图 6-12　　　　　　　　　　　　图 6-13

（2）Ctrl+ 回车键，将路径载入选区，如果是非闭合路径就会以路径两端点的直线连接构成选区（图6-14）。

方法二：

（1）钢笔工具绘制闭合形状路径（图6-15）。

（2）右键—建立选区—确定（图6-16、图6-17）。

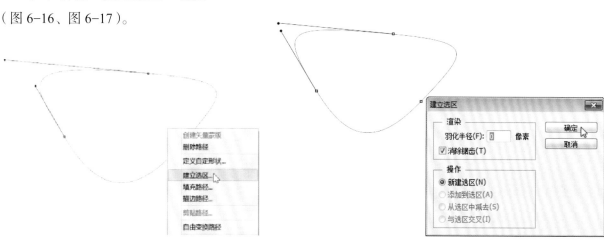

图6-14　　　　　　　　图6-15

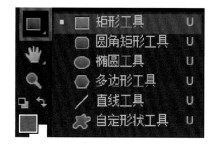

图6-16　　　　　　　　图6-17

7. 形状路径工具

形状路径工具是绘制大部分几何图形路径的重要工具，它包括：矩形工具、圆角矩形工具、椭圆工具、多边形工具、直线工具、自定形状工具等（图6-18）；选择这些工具，可以在画面中绘制对应的形状路径（图6-19）。

图6-18

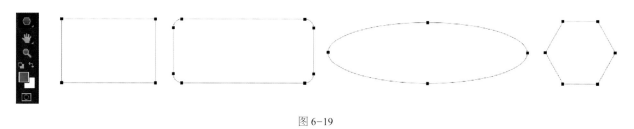

图6-19

8. 自由变换路径

自由变换路径在 PS 里经常使用，可以调整路径的形状。绘制箭头路径（图6-20），执行 Ctrl+T，可以对路径进行缩放、旋转、斜切、扭曲、透视、变形等操作（图6-21）。

图6-20

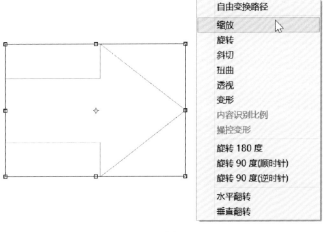

图 6-21

9. 路径倒角

（1）钢笔工具绘制直线交叉的路径（图 6-22）；在路径对应位置自动添加 2 个锚点（图 6-23）。

（2）框选顶端 2 个锚点（图 6-24）；Delete 键删除这两个锚点（图 6-25）。

（3）单击左边线段和右边线段的端点（图 6-26、图 6-27）；连接 2 个端点弧线（图 6-28）。

（4）Ctrl+ 鼠标左键拖动两个锚点之间的路径，调整圆角弧度的大小（图 6-29、图 6-30）。

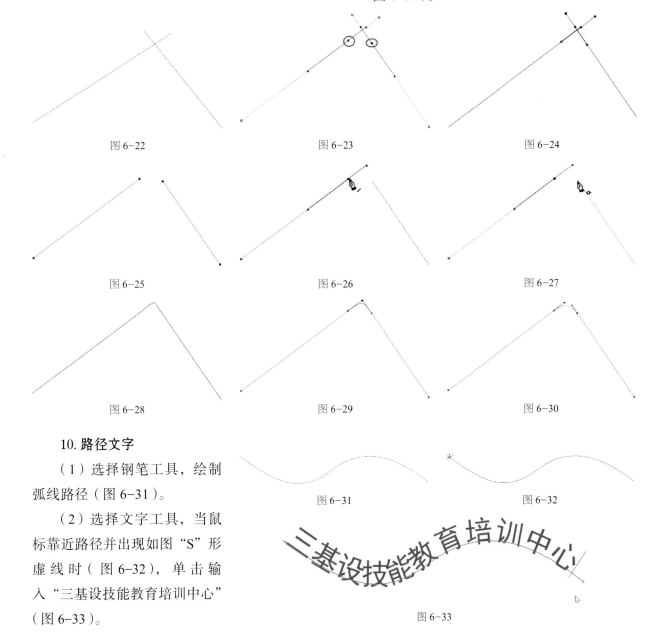

图 6-22　　　　图 6-23　　　　图 6-24

图 6-25　　　　图 6-26　　　　图 6-27

图 6-28　　　　图 6-29　　　　图 6-30

10. 路径文字

（1）选择钢笔工具，绘制弧线路径（图 6-31）。

（2）选择文字工具，当鼠标靠近路径并出现如图"S"形虚线时（图 6-32），单击输入"三基设技能教育培训中心"（图 6-33）。

图 6-31　　　　图 6-32

图 6-33

第 2 节　路径的快捷操作

路径的快捷操作包括：原地复制路径、拖动复制路径、剪切和粘贴路径、显示和隐藏路径等，在绘制鞋的效果图时经常使用，可以有效提高作图效率（表6-3）。

表6-3

常用操作	操作方法	备注
原地复制路径	Ctrl+C	复制出来的路径与原来的路径是重叠的
拖动复制路径	Ctrl+Alt+ 左键拖动	结合 Shift 键可以保持水平或垂直方向复制
剪切路径	Ctrl+X	/
粘贴路径	Ctrl+V	/
显示和隐藏路径	Ctrl+H	①单击路径面板空白处可以隐藏路径； ②在钢笔工具情况下回车键隐藏路径

第 3 节　路径面板管理

窗口—路径，打开路径面板，路径面板的管理对整个绘制路径的过程非常重要，学习内容包括：路径分离、路径合并。下面以路径分离与合并为例阐述路径面板的管理。

1.路径分离

（1）钢笔工具绘制三条路径，Ctrl+Alt+ 单击，选择第三条路径（图6-34）。

（2）Ctrl+X，剪切选择中的路径，在面板中新建"路径 1"。

（3）Ctrl+V，将剪切的路径粘贴到"路径 1"中，达到路径分离的目的（图6-35）。

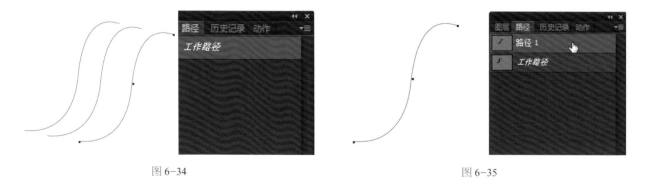

图6-34

图6-35

2.路径合并

（1）选择自定义形状工具，打开路径面板（图6-36）；新建"路径 1""路径 2"和"路径 3"，在每个路径层上绘制一个形状路径（图6-37）。

（2）选择"路径 3"，框选"路径 3"（图6-38）；Ctrl+X 剪切，选择"路径 1"，Ctrl+V 粘贴到"路径 1"上（图6-39）。

（3）选择"路径 2"，框选"路径 2"（图6-40）；Ctrl+X 剪切，选择"路径 1"，Ctrl+V 粘贴到"路径 1"上，最终将"路径 2"和"路径 3"的内容合并到"路径 1"上（图6-41）。

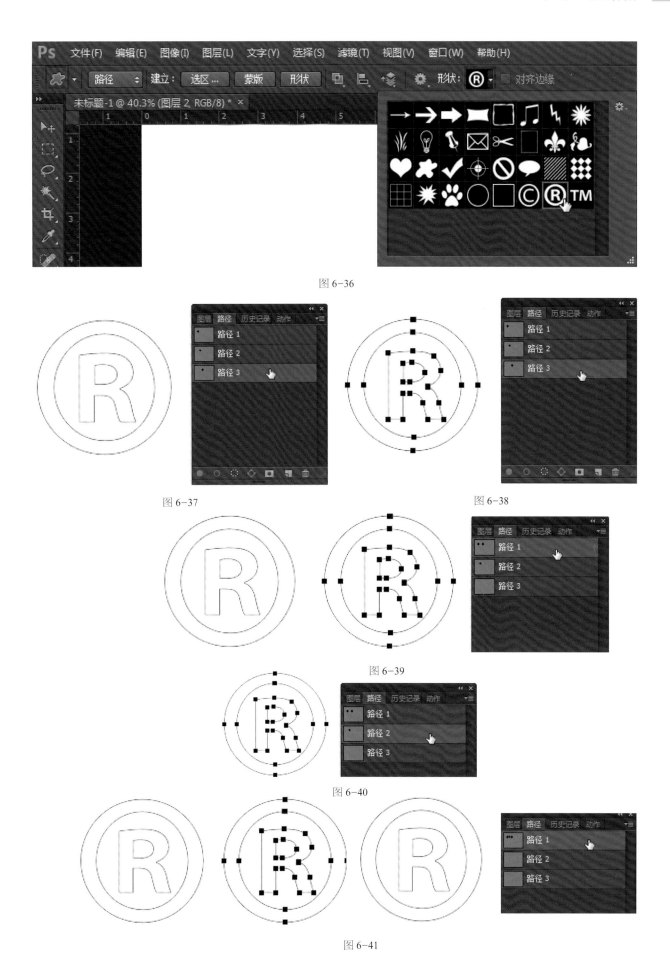

图 6-36

图 6-37

图 6-38

图 6-39

图 6-40

图 6-41

第 4 节　再次变换路径

再次变换路径的操作可以绘制重复变换的对象，比如鞋上面的冲孔、金属扣、网布等变化规律的结构，按照此方法可以绘制二方（四方）连续图案，下面以金属扣为例演示再次变换路径的方法。

（1）选择形状路径工具中的椭圆工具，绘制正圆路径，Ctrl+C、Ctrl+V，原地复制正圆路径（图 6-42）。

（2）执行 Ctrl+T（图 6-43）；按住 Shift 和 Alt，等比例同中心缩小成正圆路径（图 6-44）；回车键确认（图 6-45）。

（3）框选路径对象（图 6-46）；Ctrl+C、Ctrl+V 原地复制对象，执行 Ctrl+T（图 6-47）；按住 Shift 保持水平方向移动路径对象到如图位置（图 6-48）。

（4）回车键确认，重复执行 Ctrl+Shift+Alt+T，水平方向变换出多个重复对象（图 6-49）。

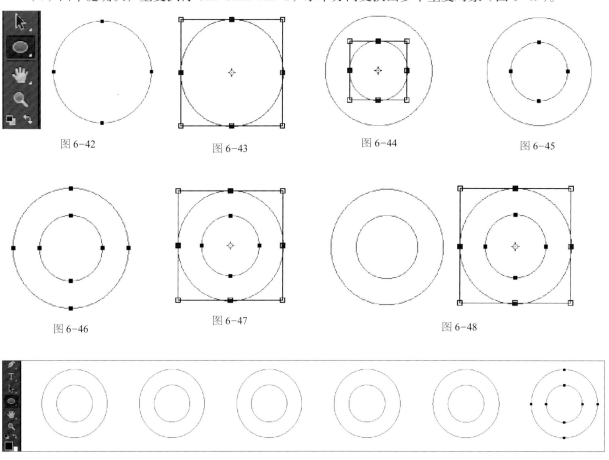

图 6-42　　　　图 6-43　　　　图 6-44　　　　图 6-45

图 6-46　　　　图 6-47　　　　图 6-48

图 6-49

第 5 节　路径操作

路径操作包括：排除重叠形状、与形状区域相交、减去顶层形状、合并形状、合并形状组件 5 种情况，下面单独阐述每种情况的操作方法和特点。

（1）绘制两个部分重叠的椭圆路径，框选两个椭圆对象，打开路径面板，工具属性栏中选择"排除重叠形状"，对照路径面板中的缩略图观察，椭圆重叠的部分变成了灰色（图 6-50）。

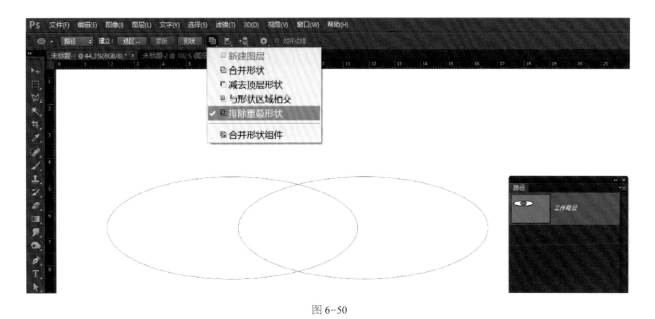

图 6-50

（2）框选路径，对照路径面板缩略图观察，选择"与形状区域相交"，椭圆重叠的部分变成了白色（图 6-51）。

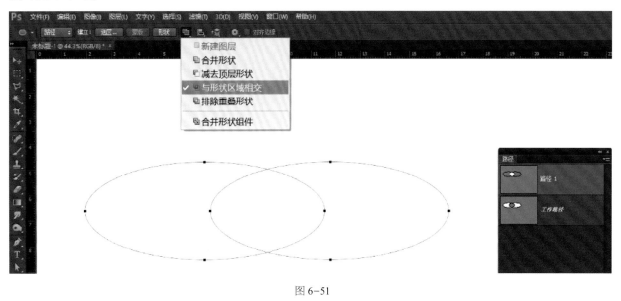

图 6-51

（3）框选路径，对照路径面板缩略图观察，选择"减去顶层形状"，椭圆组合的部分全部变成了灰色（图 6-52）。

（4）框选路径，对照路径面板缩略图观察，选择"合并形状"，椭圆组合的部分全部变成了白色（图 6-53）。

（5）框选路径，对照路径面板缩略图观察，选择"合并形状组件"，椭圆内部的路径消失，组合成一个整体路径（图 6-54）。

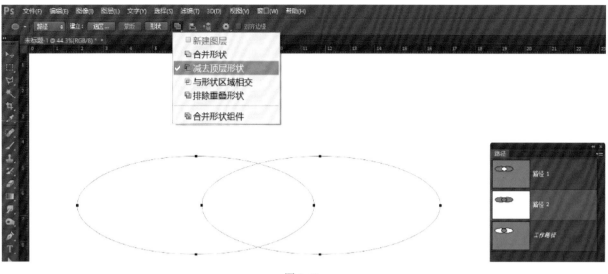

图 6-52

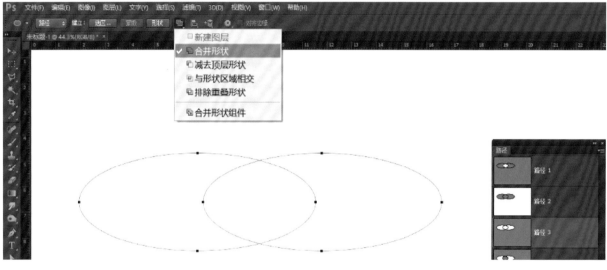

图 6-53

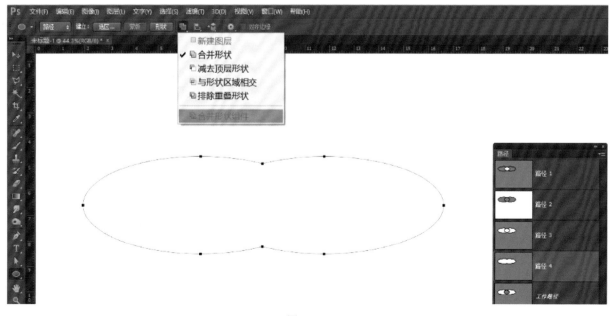

图 6-54

第6节　路径描边

路径描边是指钢笔工具绘制完成路径后，借助画笔工具来描边的操作，在 PS 绘制线稿时经常使用路径描边。

（1）选择钢笔工具，绘制曲线路径（图 6-55）。

（2）选择画笔工具，设置前景色为深色，画笔大小为5，不透明度100%，流量100%，硬度100%（图 6-56）。

（3）路径—右键—描边路径（图 6-57、图 6-58）。

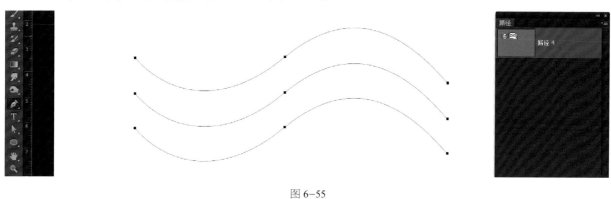

图 6-55

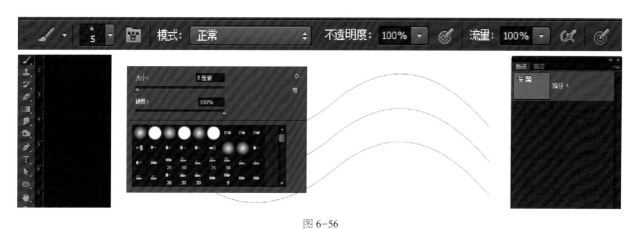

图 6-56

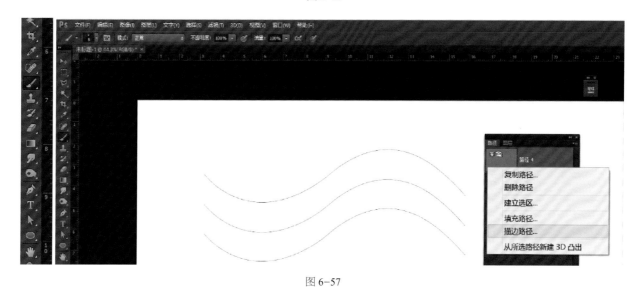

图 6-57

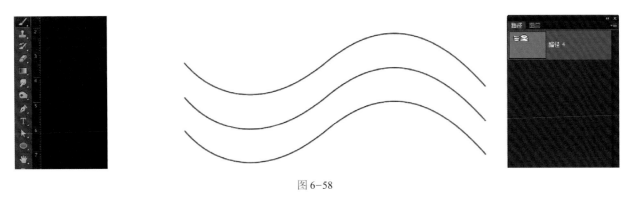

图 6-58

本章小结

绘制路径是 PS 中最重要也是最需要练习和提高的知识之一，要求熟练使用钢笔工具准确地绘制光滑流畅的线条。路径其中一个重要作用是辅助画笔工具绘图，定义画笔的绘制轨迹。通过调整路径，可以很方便地改变路径的形状，在辅助造型上它也显示了强大的可编辑性。

绘制鞋子的路径要准确流畅，路径线条的质量决定了鞋型结构是否准确美观，决定了后续上色效果是否协调。学习者应该加强路径的练习，才能不断进步和提升。

本章练习

（1）复习并运用本章节的知识，使用钢笔工具或形状工具绘制几何造型的路径（图 6-59），保存路径并将图像文件保存 PSD 格式。

（2）绘制不同弧度的路径（图 6-60），感受不同弧度路径的绘制及调整方法，并保存 PSD 格式图像文件。

（3）根据下图 6-61 所示的板鞋和跑鞋的造型结构完成：

①使用钢笔工具绘制路径，保存路径；

②新建图层，前景色设置为黑色，画笔大小设置为 1，硬度设置为 100%，描边路径；

③保存 PSD 格式图像文件。

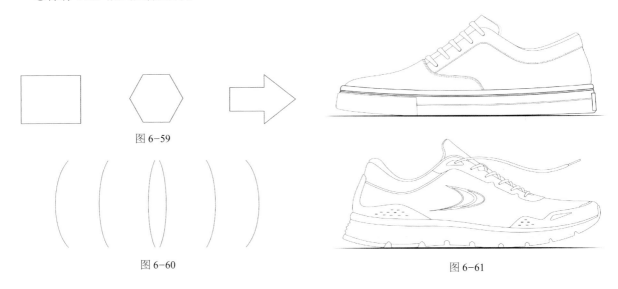

图 6-59

图 6-60

图 6-61

第7章　图层样式专题

课时分配：

共6课时，理论2课时，实践4课时。

学习目标：

通过本章的学习，掌握图层样式中的斜面和浮雕、纹理、内阴影、图案叠加、投影参数的设置和调整，在练习中深入理解每一个参数设置和对应的外观效果，抓住学习重点，反复练习，在实践中总结参数设置技巧，灵活应用各种图层样式效果。

技能要求：

学生要具备熟练使用图层样式效果的快捷操作，在平时的工作中，根据不同材质特点综合运用各种图层样式来表达，也要能够修改图层样式，绘制出协调的整体外观和样式效果。

第1节　斜面和浮雕

图层样式是指在不改变图层内容的情况下，为图层内容添加材质、纹理、厚度感、立体感等外观样式效果。为图层添加图层样式的方法有：

（1）在图层调板中双击图层（图7-1、图7-2）；

（2）点击图层调板下方按钮（图7-1）；

（3）通过菜单—图层—斜面和浮雕，重点阐述斜面和浮雕的参数设置方法（图7-3）。

图7-1

1. 样式

"样式"是斜面和浮雕设置的重点，包括内斜面、外斜面、浮雕效果、枕状浮雕，不同的样式设置能制作不同的外观效果，结合方向、大小、角度等参数设置，一般用来制作材料厚度、光感等效果。

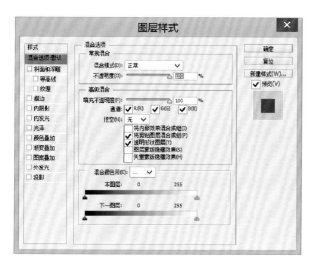

图7-2

图7-3

（1）内斜面：在对象内部边缘产生一种斜面的光照立体效果，产生的"斜面"在内，将方向设置为"上"，整体呈现对下层对象凸起的外观效果（图7-4）。

（2）外斜面：在对象外部边缘产生一种斜面的光照立体效果，产生的"斜面"在外，将方向设置为"下"，整体呈现对下层对象下凹的效果，一般用来做空压和冲孔等工艺效果（图7-5）。

（3）浮雕效果：对象内容相对它下面的图层凸出的效果，凸起效果类似于内斜面，但边缘看上去比较柔和，常用来做凸起的工艺效果（图7-6）。

图7-4

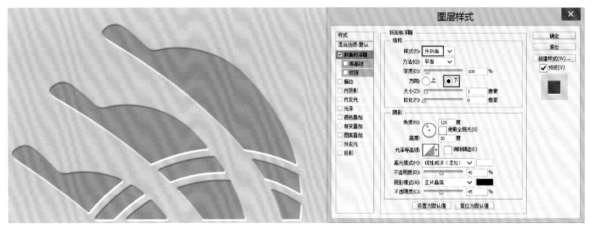

图7-5

图7-6

（4）枕状浮雕：对象内容的边缘相对于下层对象陷进去的外观效果，常用来做车线和热切等工艺效果（图7-7）。

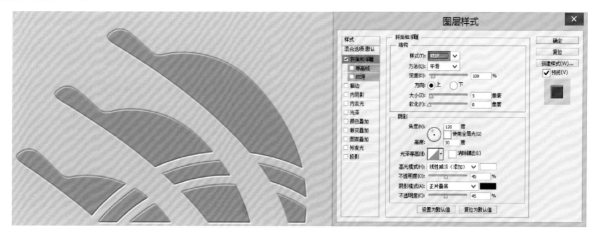

图 7-7

2.大小和软化

"大小"是对象的立体感或厚度的表达，在鞋的效果表达时，一般设置为5像素；"软化"代表材质的柔软度，一般设置为0~2像素（图7-8）。

3.角度和高度

角度和高度的默认值是"120°"和"30°"，适应大部分对象的参数设置。如果塑造光感较强的对象，比如塑料、镜面皮革或者金属质感的光照效果，高度可以设置为60°~80°。注意要改变光源的角度和高度就要取消"使用全局光"（图7-9）。

4.不透明度设置

高光模式和阴影模式的不透明度设置也非常重要，考虑到效果图整体协调性，一般不透明度设置为45%（图7-8）。总而言之，要根据对象的光源方向和画面整体协调性来灵活调整具体参数设置。

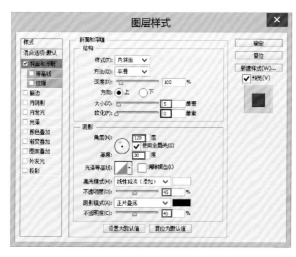

图 7-8

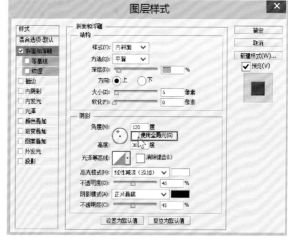

图 7-9

5.方法、深度、方向和光泽等高线

这些参数的设置是辅助选项，在制作一些特殊效果或工艺的时候需要用到，可以根据需要灵活使用。

第2节　纹理

"纹理"是"斜面和浮雕"的子选项，可以添加对象的表面肌理效果，需要注意的是纹理的效果与"斜面和浮雕"里的阴影和软化参数设置直接相关，这一内容在后面的案例课程会详细讲解。纹理的参数设置主要包括：图案、缩放和深度（图7-10）。

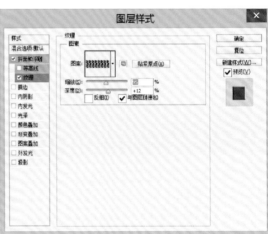

图 7-10

1. 图案

"纹理"中的"图案"是用来制作鞋子的材质效果，可以自定义到软件（本书有专门的章节详细阐述），也可以通过安装包载入（图7-11）。一般来说，鞋带材质、鞋舌里布材质、领口里布材质、中底材质和大底材质用纹理来表现（图7-12）。

2. 缩放

缩放是指纹理的大小缩放效果：缩放设置越小，纹理越细腻；缩放设置越大，纹理越粗糙。

3. 深度

纹理的深度默认是100%，一般设置为10%~20%，深度越大，材料表面纹理越粗糙，反之则表面纹理越柔和。

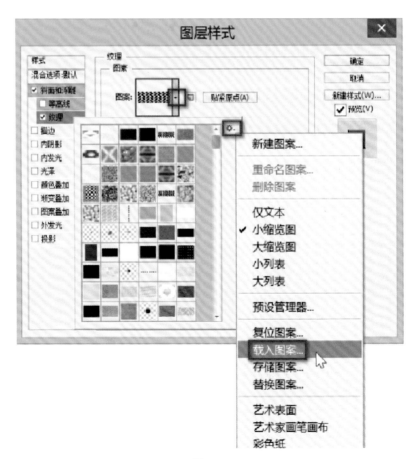

图 7-11

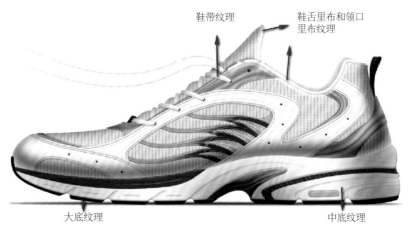

鞋带纹理　　　　鞋舌里布和领口里布纹理

大底纹理　　　　中底纹理

图 7-12

第 3 节　图案叠加

"图案叠加"也是用来绘制制作鞋子的材质效果,可以添加对象的表面图案和材质效果。一般来说,鞋面大部分材质效果都是通过图案叠加来表达的(图 7-13)。

1. 混合模式

一般设置成正片叠底,这样才能不会覆盖原本图层填充的颜色,不透明度设置为 100%。

2. 图案

跟纹理中的图案原理一样,包含各种材质的图案效果,可以通过菜单定义进去,也可以通过安装包载入。一般来说,鞋帮面的大部分材料都会用"图案叠加"来做材质效果。

3. 缩放

缩放是指单位图案的缩放效果,数值越小图案越小,数值越大图案越大。

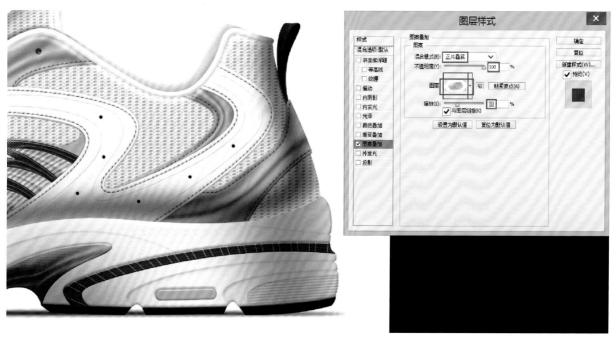

图 7-13

第4节 投影

"投影"是图层样式中比较简单也是最常用的效果制作，能够增强对象的立体效果和光感，这里要注意根据设定的光源方向来制作投影的方向，所有对象的投影要整体统一。投影主要包括混合模式、角度、距离、大小等参数设置。这里一定要注意：如果想改变角度，就要先取消"使用全局光"。对一般的鞋面材料而言，投影距离设置一般为2像素，大小设置为4像素，其他默认设置（图7-14）。

（1）混合模式：一般设置为默认的"正片叠底"。

（2）不透明度：设置投影的不透明度，值越大阴影颜色越深，默认值为75%。

（3）角度：用于设置光线照明角度，最小为0°，最大为360°，阴影的方向会随角度的变化而变化，设置时要考虑鞋子整体的光影统一。

（4）使用全局光：如果要改变光线的角度，就取消"使用全局光"。

（5）距离：设置阴影的距离，值越大距离越远。

（6）扩展：设置光线的强度，值越大投影效果越强烈。

（7）大小：设置阴影柔化效果，值越大柔化程度越大。

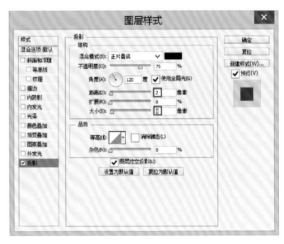

图 7-14

第5节 图层样式快捷操作

（1）打开图层样式：Alt+L+Y+B（图7-15）。

（2）拷贝图层样式：Alt+L+Y+C（图7-16）。

（3）粘贴图层样式：Alt+L+Y+P，可以选中多个图层，将拷贝的图层样式粘贴在多个图层上（图7-17）。

（4）隐藏／显示所有图层效果：Alt+L+Y+H（图7-18）。

图 7-15

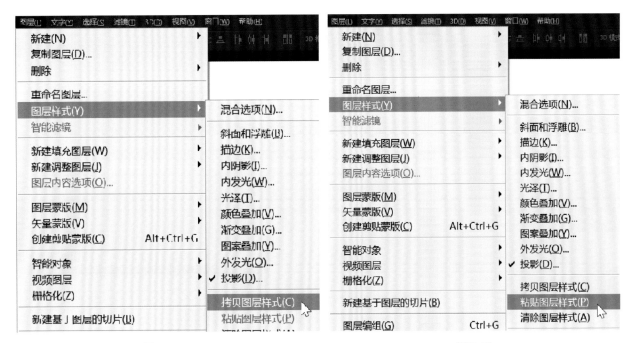

图 7-16　　　　　　　　　　　　　　　　　　　　　图 7-17

图 7-18

第6节　金属质感的图层样式

（1）选择文字工具，输入文字"金属"，在工具属性栏中设置宋体、175 点、黄色（图 7-19）。

（2）打开图层样式窗口，选择"斜面和浮雕"，大小设置为 18 像素，光泽等高线中选择"环形—双"（图 7-20）。

（3）选择"内阴影"，取消"使用全局光"，设置其他参数（图 7-21）。

（4）选择投影，默认角度120°，距离设置为2像素，大小设置为4像素（图7-22）。

图7-19

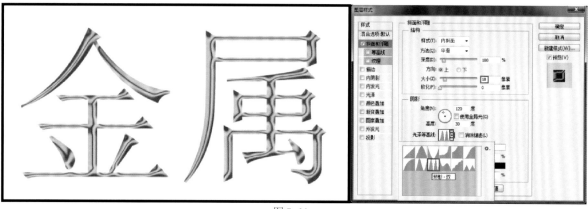

图7-20

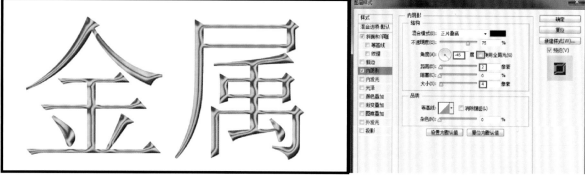

图7-21

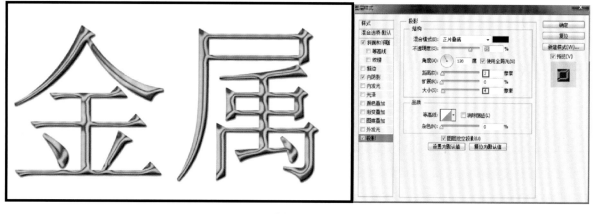

图7-22

本章小结

图层样式是 PS 鞋类效果图表现中的重点也是难点，通过图层样式可以绘制对象的立体效果、材质效果、厚度感等，从而表达鞋子逼真可信的材质和纹理效果。在学习过程中需要善于观察，边调整参数边观看外观效果，同时也要做好笔记，积累经验；另外，也要掌握载入素材、编辑素材和存储素材的技巧，从而提高绘图效率。

本章练习

复习并运用本章节的知识，根据下列图片，制作对应的"斜面和浮雕"与"图案叠加"效果（图 7-23、图 7-24）。

图 7-23   图 7-24

第 8 章   形状专题

课时分配：

共 2 课时，理论 1 课时，实践 1 课时。

学习目标：

通过本章形状基础知识的学习，熟练形状在表达效果图投影（阴影）方面的操作方法，理解形状跟图层的密切关系，特别是通过形状的属性调整羽化值，改变边缘的虚化程度，使整体效果更加协调。

技能要求：

学生具备熟练使用形状工具绘制不同对象（包括鞋部件结构），发现形状绘制的规律，总结自己的绘图方法，能够根据实际学习和工作的需要举一反三、灵活应用。

第 1 节   形状基本操作

本节主要学习如何得到形状图层、形状的填充类型和形状的描边三个部分，"形状"类似矢量效果，因为它是由路径构成的一个区域。但它是模拟矢量效果，并不是"矢量"，毕竟两种软件的定位不一样（Photoshop 是图像处理软件；AI、CDR 是图形制作软件）。下面通过一个简单的形状案例操作来理解形状。

（1）在工具箱中选择矩形工具，在工具属性栏中选择"形状"，设置填充色为"黄色"，描边色为"红色"，描边大小为"2点"（图 8-1）。

（2）在工作区拖动绘制黄色填充色、红色描边色的矩形形状（图 8-2）。

（3）选择钢笔工具，框选上方两个锚点，拖动锚点可以绘制平行四边形。这里主要是说明形状对象是可以用钢笔工具继续编辑的，并且不影响描边和填色效果（图 8-3、图 8-4）。

（4）框选形状对象，可以在工具属性栏中将填充色改为蓝色（图 8-5）。

（5）Ctrl+J，制作"矩形 1"的副本；Ctrl+T，等比例收缩平行四边形（图 8-6）。

图 8-1

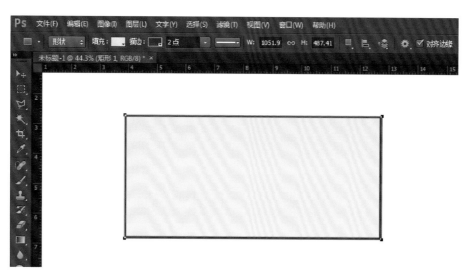

图 8-2

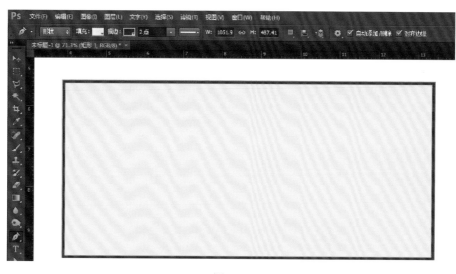

图 8-3

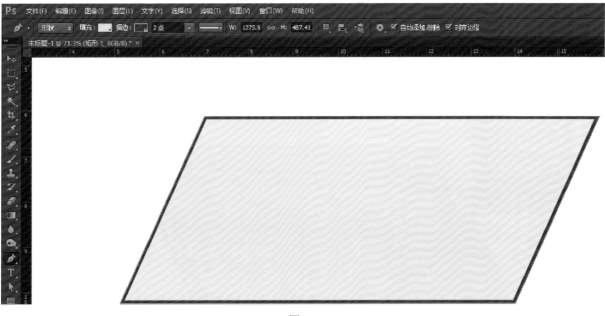

图 8-4

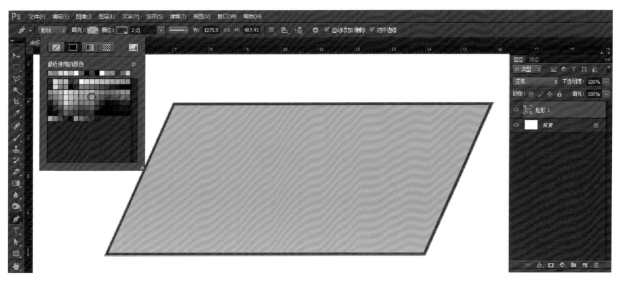

图 8-5

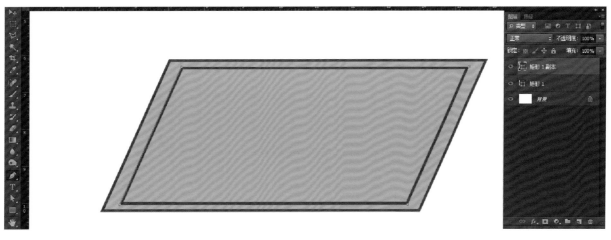

图 8-6

（6）将副本对象的填充色设置为无，描边色设置为黑色（图 8-7、图 8-8）。

（7）描边大小设置为 3 点，描边为虚线，端点为圆头（图 8-9）。

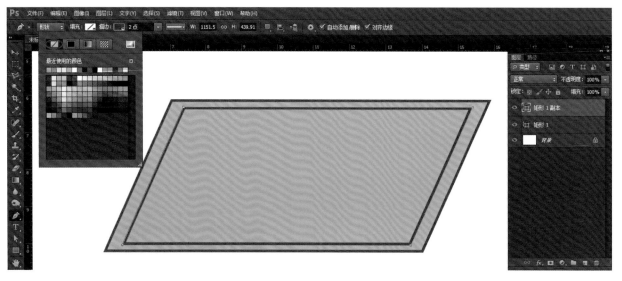

图 8-7

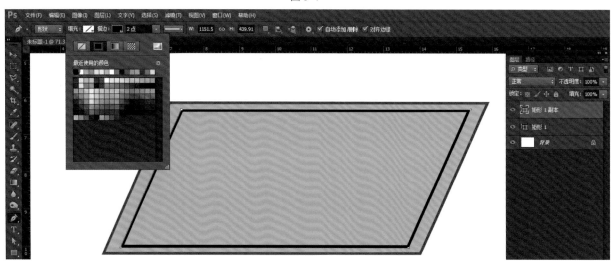

图 8-8

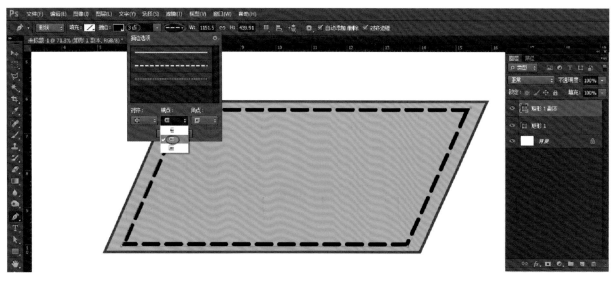

图 8-9

（8）选择"更多选项"，在弹出的窗口中设置"对齐"为居中，虚线为3，间隙为1.5，可以绘制虚线效果（图8-10）。

图8-10

第2节 形状的属性

（1）在工具箱中选择椭圆工具，在工具属性栏中设置"形状"，黑色填充，无色描边，在工作区绘制椭圆（图8-11）。

（2）菜单—窗口—属性，在属性面板中设置羽化60像素（图8-12），执行Ctrl+T，可以进行缩放、旋转、斜切等变换（图8-13）。

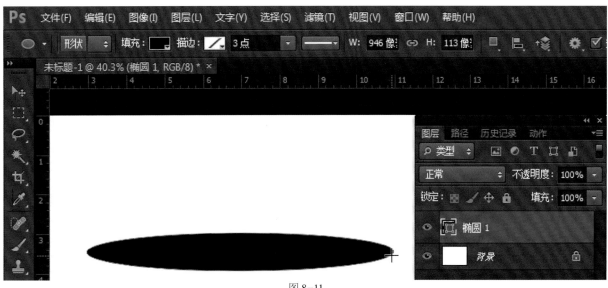

图8-11

图 8-12

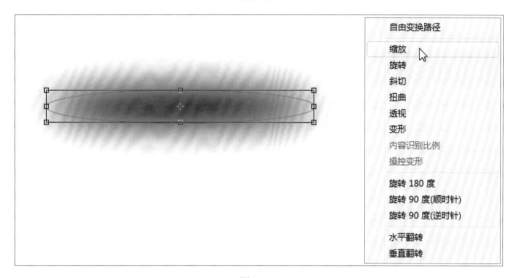

图 8-13

本章小结

　　"形状"是 PS 中类似矢量部分的知识，跟 AI 的矢量对象有相同之处，可以实时修改对象的填充色、描边色以及造型，通过属性面板修改对象的羽化值，为修改设计图带来很大方便。最后需要注意的是，形状对象图层跟普通图层一样，也需要重点理解鞋子的上下层次关系。

本章练习

　　（1）复习并运用本章节的知识，绘制几何对象（图 8-14）。
　　（2）使用形状工具，完成鞋子的制作（图 8-15）。

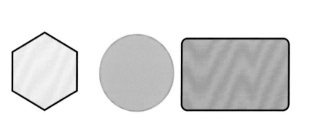

图 8-14

图 8-15

PART 2

第二部分

技巧提升篇

第9章　绘制线稿

课时分配：

共 2 课时，理论 1 课时，实践 1 课时。

学习目标：

通过本章的学习，着重掌握通过钢笔路径绘制线稿的两种方法，抓住学习重点，反复练习，在实践中总结经验，熟能生巧，提高学习效率。

技能要求：

通过板鞋线稿绘制的案例，熟悉鞋类线稿图的绘制方法，加深对线稿、对造型的理解。

第 1 节　板鞋线稿绘制

（1）打开素材文件，菜单—窗口—路径，打开路径面板，选择"路径 1"（图 9-1）。

图 9-1

（2）选择画笔工具，大小设置为 1，硬度 100%。前景色设置为黑色，在工具属性栏中不透明 100%，流量 100%，间距设置为 1%（图 9-2）。

（3）新建"图层 1"，选择"路径 1"，回车键，Ctrl+H 隐藏路径，路径描边完成（图 9-3）。

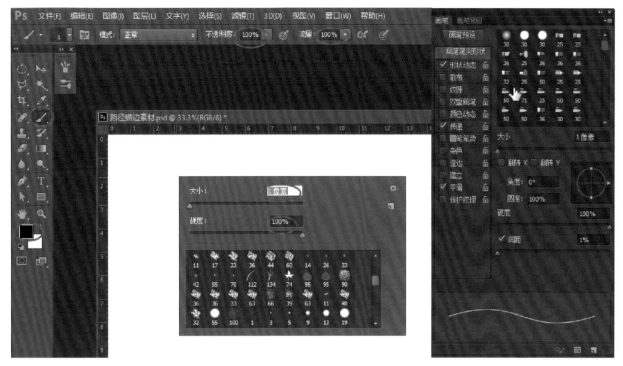

图 9-2

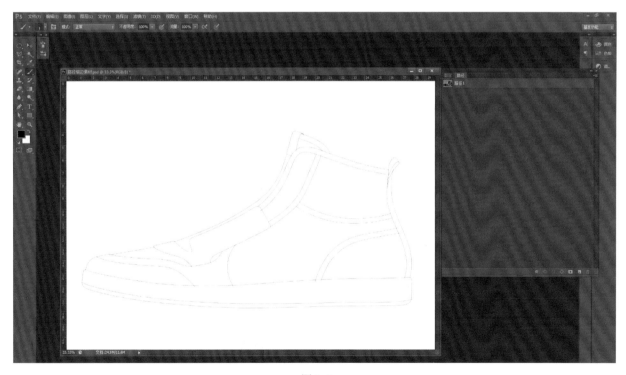

图 9-3

第 2 节　手绘线稿绘制

（1）打开"手绘线稿原图"素材文件，执行 Ctrl+Shift+Alt+N，新建"图层 1"。选择画笔工具，大小设置为 3，硬度 100%。前景色为黑色，在工具属性栏中不透明 100%，流量 100%（图 9-4）。

（2）打开路径面板，选择"路径 1"，【F5】键调出画笔面板，在面板中选择"形状动态"，控制为

"钢笔压力",最小直径为20%(图9-5)。

（3）路径1—右键—描边路径（图9-6），在弹出的窗口中选择"画笔"，勾选"模拟压力"（图9-7）。

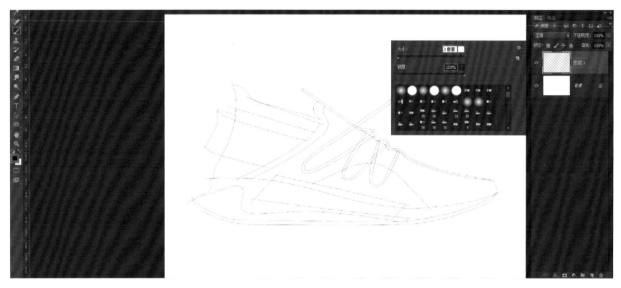

图9-4

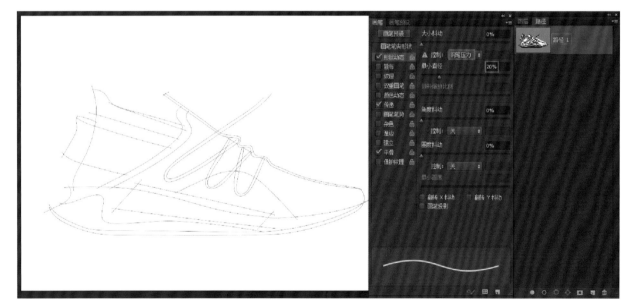

图9-5

图9-6

图9-7

（4）执行 Ctrl+H 隐藏路径，这样能绘制中间粗两头细的有虚实变化的线条（图 9-8）。

（5）线条有虚实变化，在效果图表现的时候能模拟手绘的味道，再配合数位板夸张处理能表现生动的视觉效果（图 9-9）。

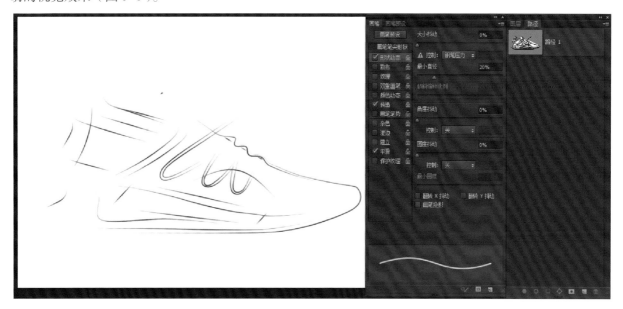

图 9-8

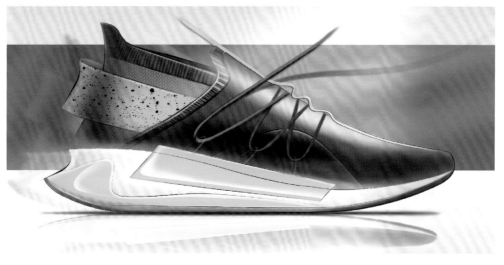

图 9-9

本章小结

"线稿描边"是通过选择钢笔工具绘制的路径，用画笔面板设置属性进行描边是下一章"线稿上色"的前提，操作比较简单，但也需要熟练、灵活地掌握画笔描边操作。

本章练习

根据本章提供的"路径描边素材"和"手绘线稿原图素材"，参考本章给出的具体步骤，熟练完成最终描边效果的绘制。

第 10 章　线稿上色

课时分配：

共 2 课时，理论 1 课时，实践 1 课时。

学习目标：

通过本章的学习，熟练线稿上色的步骤以及快捷操作，抓住学习重点，反复练习，在实践中总结经验，加深对线稿上色的理解。

技能要求：

通过板鞋上色案例熟练上色步骤，学习自动上色操作，能够快捷地对各类鞋子的线稿进行快速上色，提高做图效率。

第 1 节　板鞋线稿上色

（1）PS 打开"线稿上色素材"，【F7】键打开图层面板，选择"图层 1"（图 10-1）。

（2）选择魔棒工具，【W】键，点击外底上色区域，建立选区（图 10-2）。

图 10-1

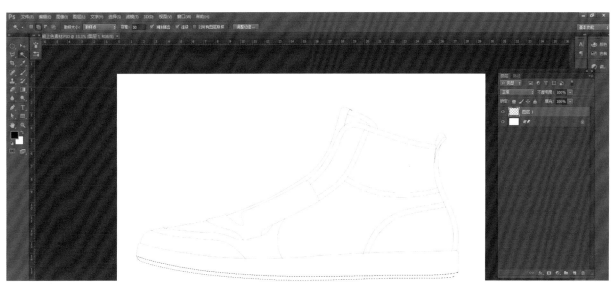

图 10-2

（3）执行 Alt+S+M+E，扩充 1 个像素（图 10-3）。

（4）执行 Ctrl+Alt+Shift+N 新建"图层 2"（图 10-4）。

（5）设置前景色为灰色，Alt+Delete 填充灰色（图 10-5）。

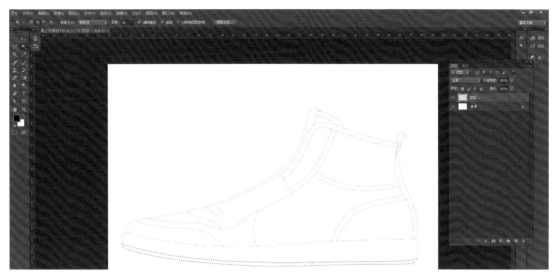

图 10-3

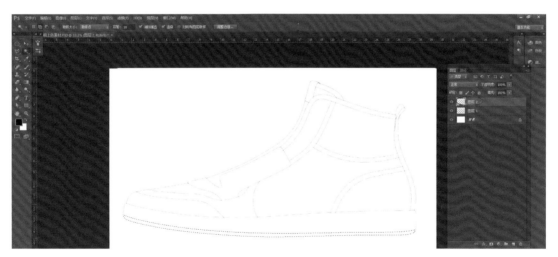

图 10-4

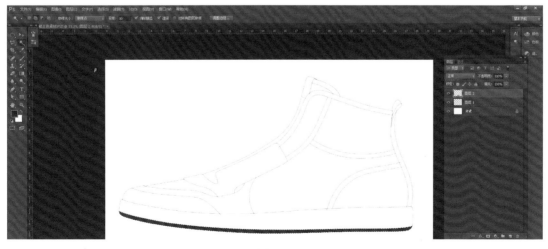

图 10-5

（6）执行 Ctrl+D 取消选区（图 10-6）。

（7）再次选择"图层 1"（描边图层），重复选择魔棒工具、建立选区等以上六个步骤，直至把对象全部上色完成（图 10-7、图 10-8）。

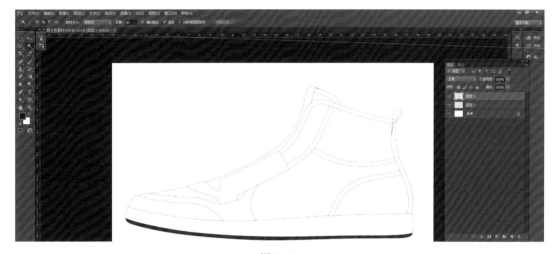

图 10-6

图 10-7

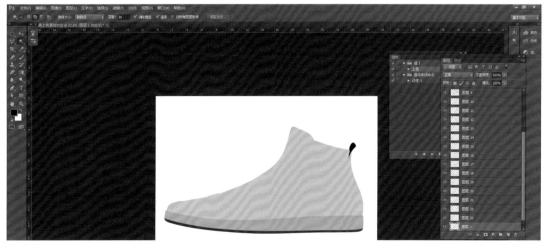

图 10-8

第2节 线稿自动上色

（1）打开本节"线稿自动上色素材"，选择"图层1"（图10-9）。

（2）菜单—窗口 动作，调出动作面板，右上角单击小三角，载入"上色"动作（图10-10）；在动作面板中可以看到上色的快捷键是【F10】（图10-11）。

（3）选中"图层1"（图10-12）；设置前景色为灰色，选择魔棒工具，建立选区（图10-13）。

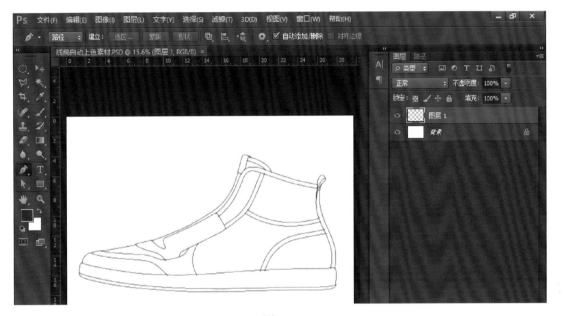

图 10-9

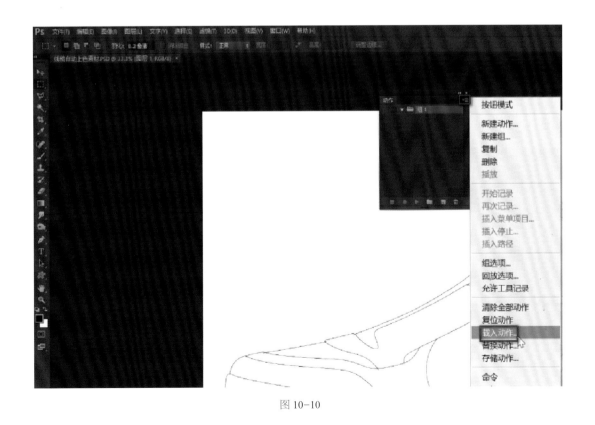

图 10-10

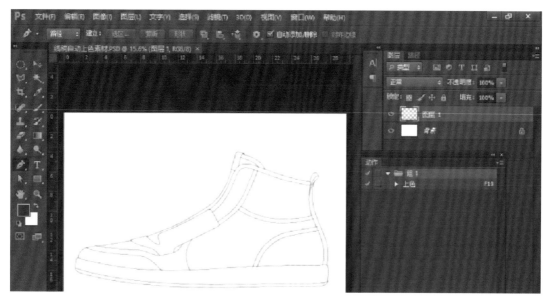

图 10-11

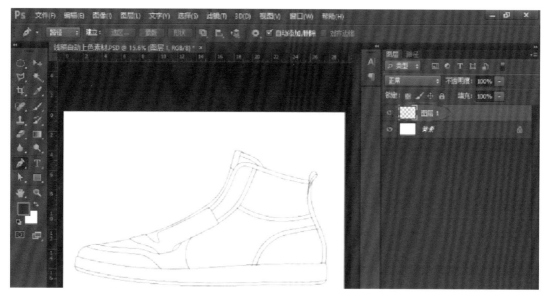

图 10-12

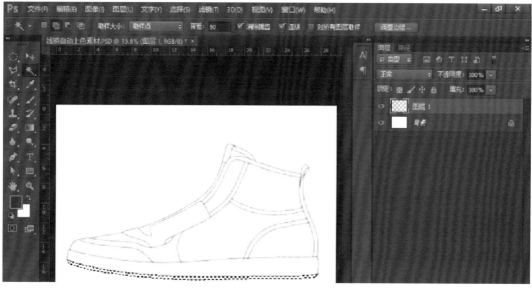

图 10-13

（4）按【F10】执行"自动上色命令"动作，给选区自动填色（图10-14）。

（5）魔棒工具，将中底建立选区（图10-15）；按【F10】执行"自动上色命令"动作（图10-16）。

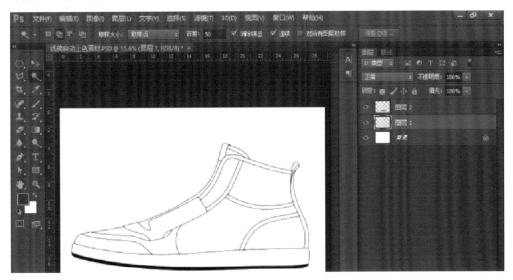

图10-14

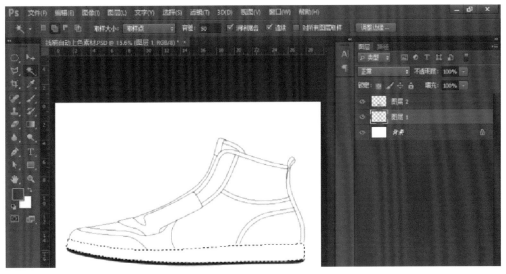

图10-15

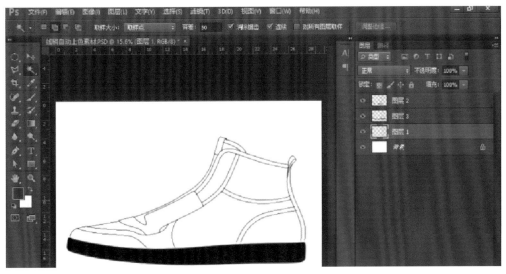

图10-16

（6）按照以上方法，只要选择"图层 1"，用魔棒工具建立选区，按【F10】，就能将选区自动填充前景色，直至将鞋子线稿全部上色完成（图 10-17）；最后，选择"图层 1"，执行 Ctrl+Shift+ 】，将"图层 1"置顶（图 10-18）。

图 10-17

图 10-18

本章小结

"线稿上色"是 PS 绘制鞋效果图的重要一步，一共分为六个步骤，虽然步骤较多，但是操作难度不大。一般来说，不同的结构需要新建图层独立填色，不要把不同色块上到同一个图层，这是为了方便后续制作不同的外观样式效果。

本章练习

根据本章提供的"线稿上色素材"和"线稿自动上色素材"，在 PS 软件中载入上色动作，参考本章给出的具体步骤，完成最终上色效果的绘制。

第 11 章　车线

课时分配：

共 2 课时，理论 1 课时，实践 1 课时。

学习目标：

通过本章的学习，掌握不同品类鞋子的车线绘制方法，抓住学习重点，反复练习，在练习中总结技巧，举一反三，加深对车线效果的理解。

技能要求：

学生要具备熟练绘制车线的方法，根据效果表达的需要绘制不同类型的车线，并且制作车线的图层样式，绘制出自然协调的外观效果。

第 1 节　常规车线制作步骤

（1）打开"车线制作素材"，Ctrl + 单击图层"缩略图"，使椭圆对象载入选区（图 11-1）。

（2）执行 Alt+S+M+C，选区收缩量设置为 12 像素，即车线边距（图 11-2）；然后根据选区的"蚂蚁线"绘制车线路径（图 11-3）。

（3）Ctrl+D 取消选区，新建图层，图层命名为"底线"（图 11-4）；选择画笔工具，大小设置为 3 像素，硬度 100%（图 11-5）；按快捷键【D】，默认前景色和背景色（前黑后白）（图 11-6）。

图 11-1

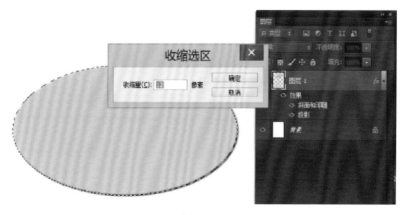

图 11-2

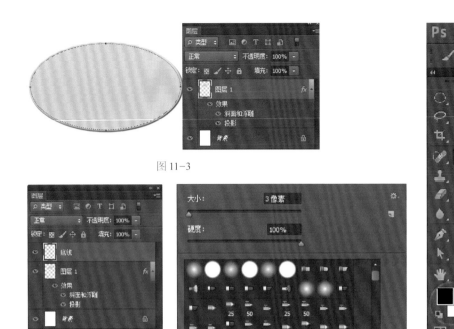

图 11-3

图 11-4   图 11-5   图 11-6

（4）打开路径面板，选择车线的路径，回车键，然后 Ctrl+H 隐藏路径（图 11-7）。

（5）选择"底线"图层，执行 Ctrl+J 复制"底线"图层，新图层重命名为"面线"（图 11-8）；执行 Ctrl+Shift+Delete 将"面线"图层的黑色改为白色（图 11-9）。

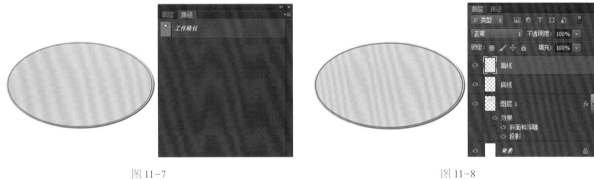

图 11-7   图 11-8

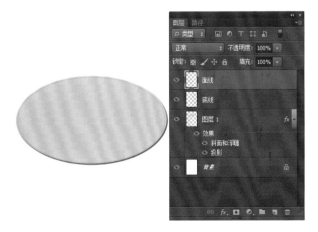

图 11-9

（6）选择橡皮擦工具，工具属性栏中不透明度和流量都设置为 100%，按【F5】调出橡皮擦面板，设置大小为 4 像素，间距 385%，其他默认（图 11-10）。

（7）再按【F5】键隐藏橡皮擦面板，选择路径面板中的车线路径，回车键擦除，Ctrl+H 隐藏路径（图 11-11）。

（8）双击"面线"图层，弹出"面线"图层的图层样式窗口，设置参数和效果（图 11-12）。

（9）双击"底线"图层，弹出"底线"图层的图层样式窗口，设置参数和效果（图 11-13）。

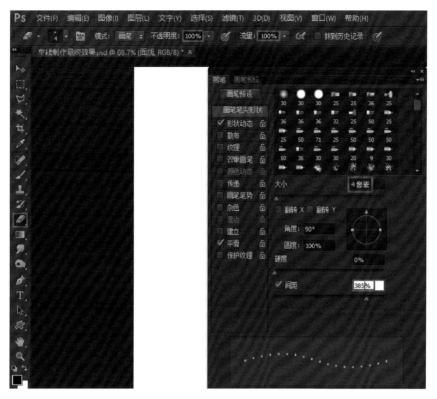

图 11-10

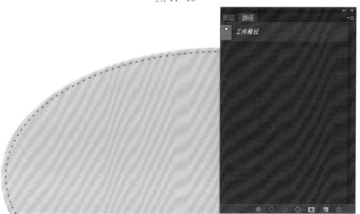

图 11-11

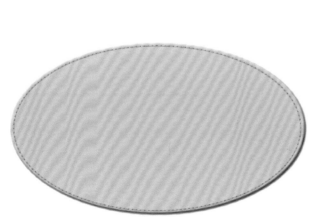

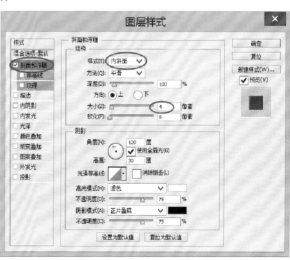

图 11-12

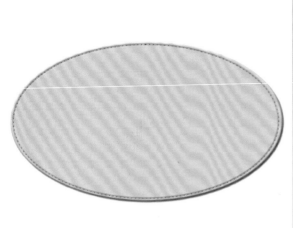

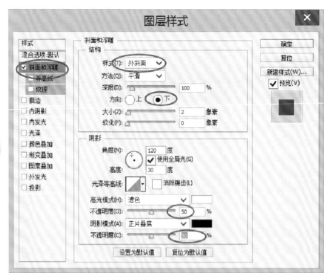

图 11-13

（10）选择"面线"图层，设置前景色为绿色，Alt+Shift+Delete 将"面线"颜色改为绿色。注意：这里讲的是给车线改色的方法，如果要给同一个图层部分车线换色，那么就要建立一个局部选区来执行换色操作（图 11-14）。

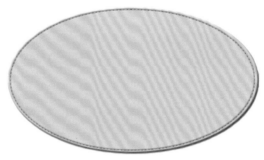

图 11-14

第 2 节　动态车线制作步骤

（1）打开"动态车线绘制素材"，打开路径面板，选择车线路径（图 11-15）。

（2）选择画笔工具，大小设置为 3 像素，硬度 100％，前景色设置为黑色，新建"图层 1"（图 11-16）。

（3）选择路径，回车键进行描边（图 11-17）。

（4）Ctrl+H 隐藏路径显示，打开图层面板，新建"图层 2"（图 11-18）。

图 11-15

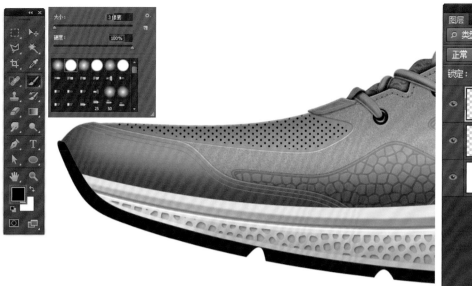

图 11-16

图 11-17

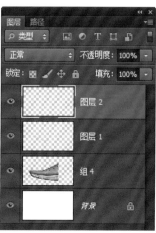

图 11-18

（5）【F5】键打开画笔面板，在画笔面板中选择"画笔笔尖形状"，大小设置为 18 像素，角度设置为 8°，圆度设置为 16%，硬度 100%，间距 640%（图 11-19）。

（6）在画笔面板中选择"形状动态"，角度抖动中的控制为"方向"（图 11-20）。

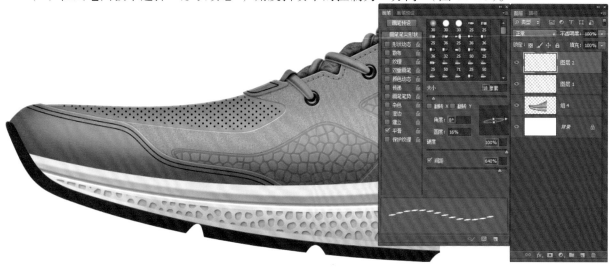

图 11-19

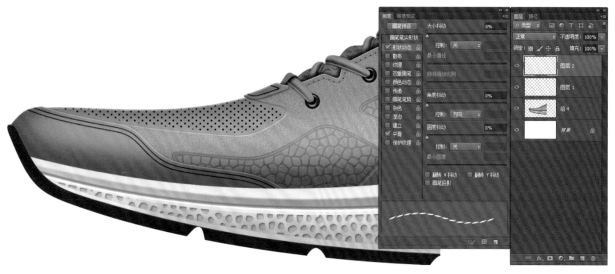

图 11-20

（7）选择画笔工具，选择车线路径，前景色设置为白色，回车键绘制车线效果（可以多按几次回车键，描边效果更好）（图 11-21）。

图 11-21

（8）Ctrl+H 隐藏路径显示，选择"图层 2"，设置图层样式参数（图 11-22）。

（9）选择"图层 1"，设置图层样式参数（图 11-23）。

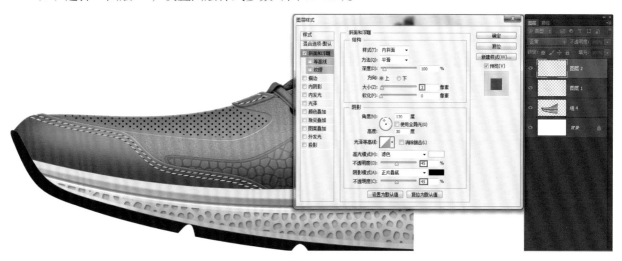

图 11-22

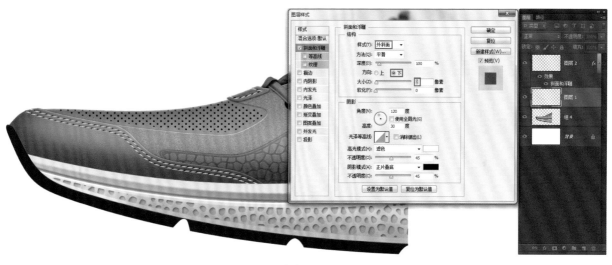

图 11-23

（10）选择"图层 2"，前景色设置为蓝色，执行 Alt+Shift+Delete 键，将车线的颜色改为蓝色，动态车线的制作效果完成。因为动态车线制作图层样式的方法和常规车线制作方法一致，这里不做赘述（图 11-24）。

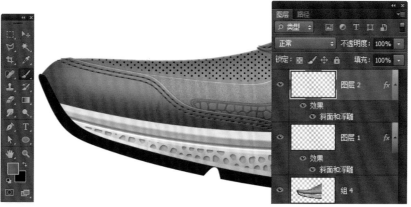

图 11-24

第3节　形状车线制作步骤

（1）打开"动态车线绘制素材"，打开路径面板，选择车线路径（图11-25）。

（2）在路径工具属性栏中选择"路径"，单击"形状"，这里是将路径转化为形状（图11-26、图11-27）。

（3）在路径工具属性栏中选择"形状"，填充色为无，描边颜色为黑色，描边大小为0.6（图11-28）；合并形状组件（图11-29）。

图 11-25

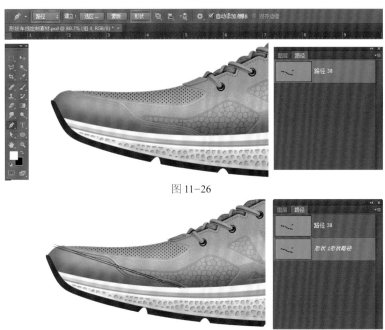

图 11-26

图 11-27

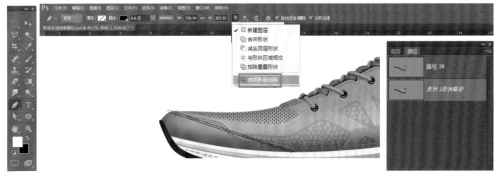

图 11-28

图 11-29

（4）Ctrl+J，制作"形状1"的副本，设置描边色为白色，形状描边类型为虚线。打开更多选项，在弹出的窗口中设置：居中、圆形，将虚线设置为3，间距为1.8（图 11-30）。

（5）制作"形状1副本"的图层样式，设置参数（图 11-31）。

（6）制作"形状1"的图层样式，设置参数（图 11-32）。

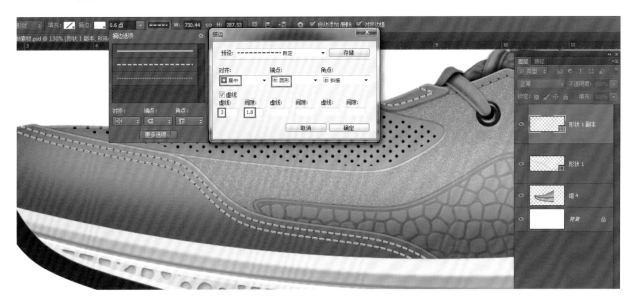

图 11-30

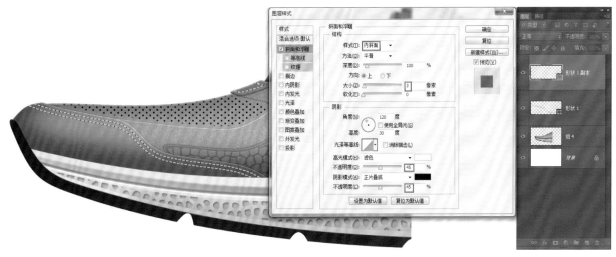

图 11-31

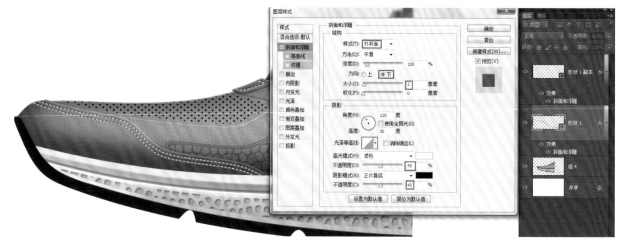

图 11-32

（7）选择"形状 1 副本"，在形状工具属性栏中设置描边色为黄色，这里需要说明的是形状描边色的更改操作非常方便，最终形状车线绘制完成（图 11-33）。

图 11-33

第 4 节　马克线的制作方法

（1）打开本节素材文件，打开路径面板，显示马克线路径（图 11-34）。

（2）选择圆角矩形工具，设置工具属性栏半径为 45 像素，绘制左上角圆角矩形路径（图 11-35）；路径—右键—建立选区，新建图层，将选区填充为黑色（图 11-36）。

（3）执行：菜单—编辑—定义画笔预设（图 11-37）。

（4）Ctrl+D 隐藏选区，选择画笔工具，调出画笔预设面板，选择刚定义的画笔（一般刚定义的画笔在列表最后一个），大小设置为 35 像素（图 11-38）。

图 11-34

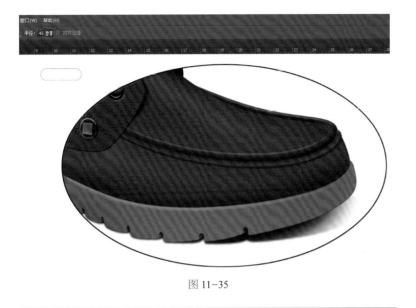

图 11-35

图 11-36

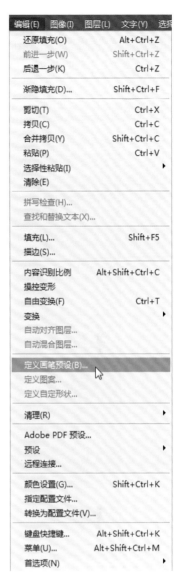

图 11-37

图 11-38

（5）选择"画笔笔尖形状"，间距为450％。注意：间距和上一步骤的大小需要初学者灵活调整，因为定义的画笔单位是随机的（图11-39）；选择"形状动态"，角度抖动为"方向"（图11-40）。

（6）选择画笔工具，新建图层，设置前景色为棕色，选择路径，回车键描边，在图层上就绘制出比较粗的"面线"（图11-41）。

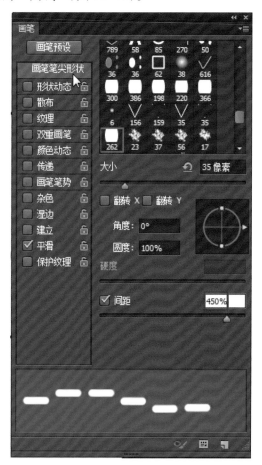

图 11-39

图 11-40

图 11-41

（7）设置前景色为黑色，在马克线图层下新建一个图层，画笔面板窗口中大小设置为25像素（大小设置应该根据实际情况灵活设置），间距为1％，选择路径，回车键描边，在图层上绘制黑色

"底线"（图11-42）。

（8）制作"面线"和"底线"的图层样式，调整参数设置，最终效果完成（图11-43、图11-44）。

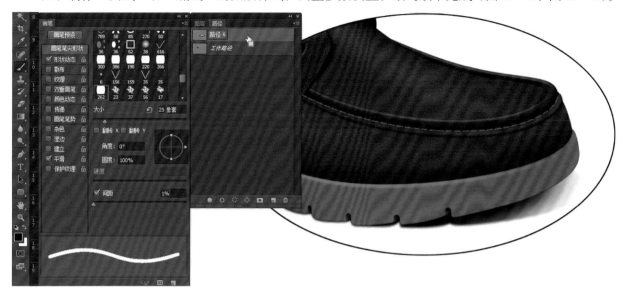

图11-42

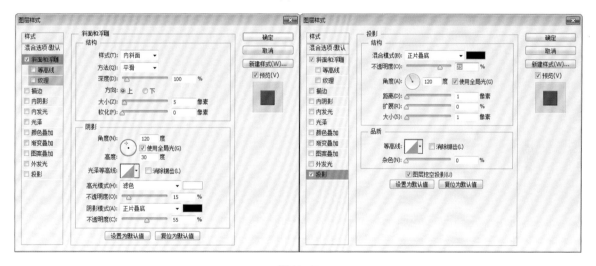

图11-43

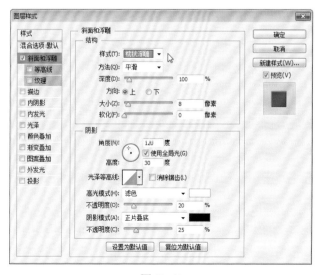

图11-44

第5节　四针六线的制作方法

（1）新建底色"图层1"，填充蓝色背景色，钢笔工具在画面中绘制两条水平的路径（图11-45）。

（2）选择画笔工具，前景色设置为黑色，画笔大小设置为3像素，硬度100%，新建"图层2"，回车键（图11-46）。

（3）Ctrl+H隐藏路径，Ctrl+J制作"图层2"的副本，背景色为白色，Ctrl+Shift+Delete将"图层2副本"的颜色更换为白色（图11-47）。

图 11-45

图 11-46

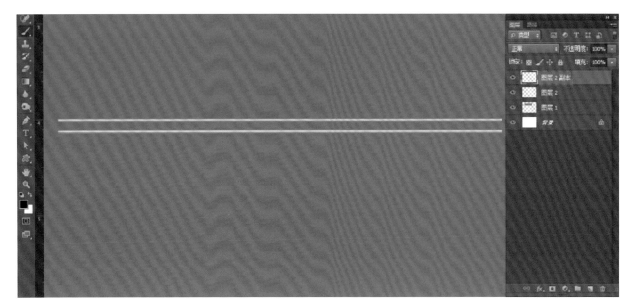

图 11-47

（4）选择橡皮擦工具，【F5】调出橡皮擦面板，设置画笔面板参数，选择工作路径，回车键，擦出虚线效果（图11-48）。

（5）选择画笔工具，画笔大小设置为3像素，硬度100%，新建图层（图11-49）。

（6）选择画笔工具，前景色设置为白色，按住Shift键，将黑色的孔用白线连接（图11-50~图11-52）。

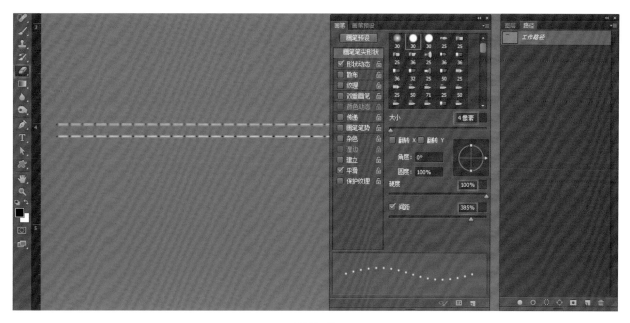

图 11-48

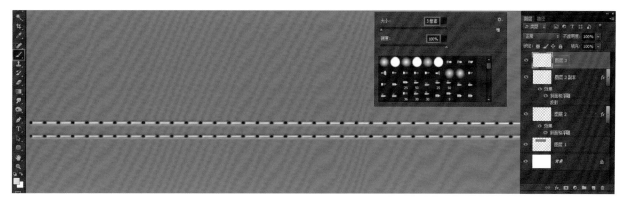

图 11-49

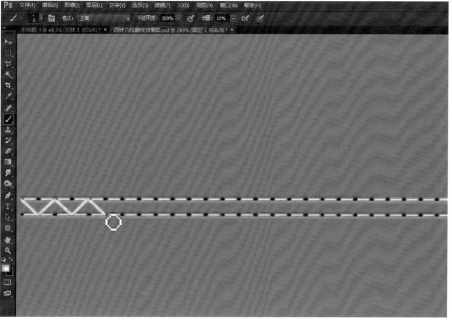

图 11-50

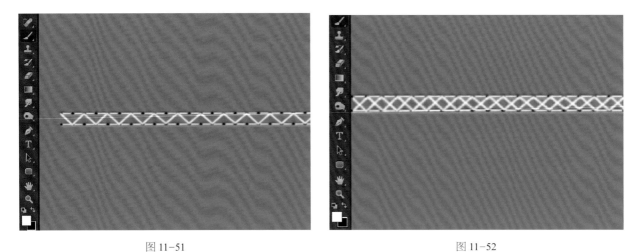

图 11-51　　　　　　　　　　　　　　　　　　　　　　图 11-52

（7）制作线和孔的图层样式效果，这里不做赘述（图 11-53）。

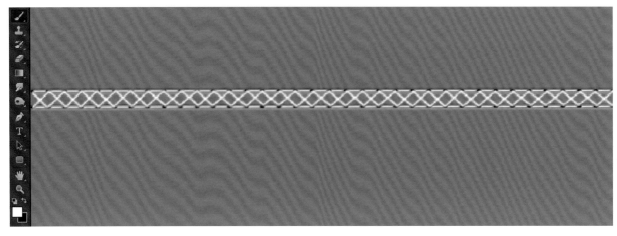

图 11-53

第6节　自动车线命令的制作方法

（1）打开本节素材文件（图 11-54）。

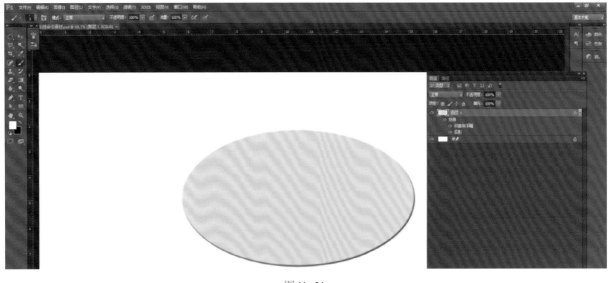

图 11-54

（2）菜单—窗口—动作，调出动作面板，单击动作面板右上角小三角，载入动作—自动车线命令（图 11-55、图 11-56）。

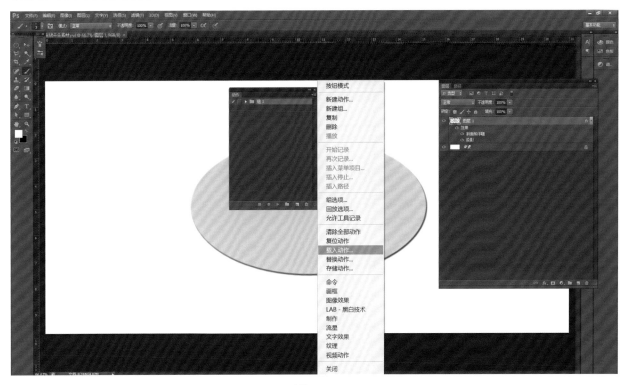

图 11-55

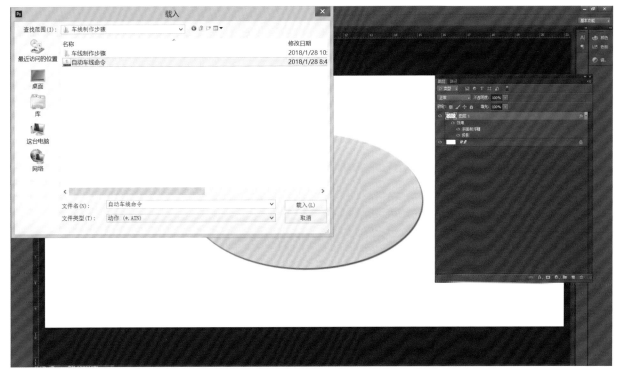

图 11-56

（3）将车线路径重命名为"路径"，选中车线路径，设置画笔大小 3 像素；橡皮擦面板中，大小为 4 像素，间距为 385％，按【F11】执行"自动车线命令"动作，执行后完成效果图（图 11-57、图 11-58）。

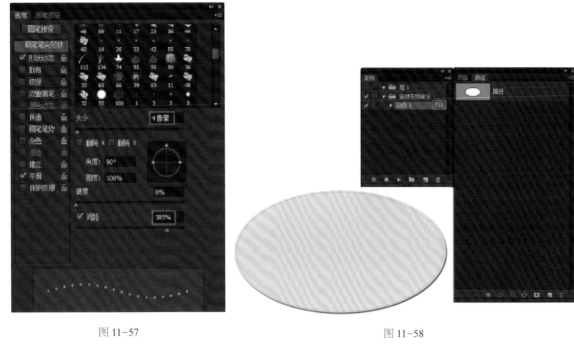

图 11-57 图 11-58

本章小结

车线也叫缝线，是鞋类设计效果图表达的常用工艺。它包括车线和装饰线，线迹变化多样，在鞋面上呈现有规律的变化，对鞋面也是一种重要的装饰工艺和细节体现。本章详细介绍了车线的多种制作方法，也介绍了马克线和四针六线的制作过程，虽然外观形状表现有差异，但制作原理是相通的，都是通过两个图层分别做图层样式来表现立体效果。要求学习者理解绘制过程，善于总结，根据效果表达的不同需要，举一反三，触类旁通，灵活运用本章知识。

本章练习

学生根据车线的不同应用和特点，下载本章提供的"常规车线制作步骤素材""动态车线绘制素材""形状车线绘制素材""马克线原图素材"和"自动车线命令素材"，参考本章给出的具体步骤，完成上述五种车线以及自动车线最终效果图的绘制。注意不同车线绘制方法的差异。

第 12 章　冲孔和金属扣

课时分配：
共 4 课时，理论 2 课时，实践 2 课时。

学习目标：
通过本章冲孔和金属扣案例的学习，熟悉冲孔和金属扣参数的一般设置方法，熟记绘制步骤，根据实际需要，灵活应用。

技能要求：

学生能根据冲孔、金属扣的实际造型和特点，熟练绘制各种造型的冲孔以及不同类型的金属扣，特别是金属光泽感的表达效果，能够根据实际学习和工作的需要举一反三、灵活应用本章节知识解决实际问题。

第1节　冲孔

（1）打开本节原图素材文件，打开路径面板，选择工作路径（图12-1）。

（2）选择画笔工具，【F5】调出画笔面板，大小为6像素，间距为520%，新建"图层1"，前景色设置为深色（图12-2）。

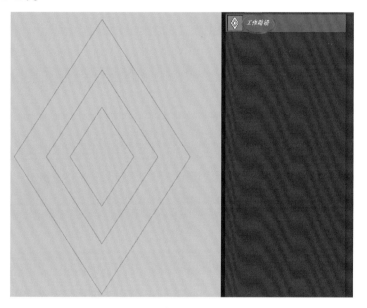

图 12-1

图 12-2

（3）选择工作路径，回车键（图 12-3）；Ctrl+H 隐藏路径（图 12-4）。

（4）执行 Alt+L+Y+B 打开图层样式窗口，调整参数设置（图 12-5、图 12-6）。

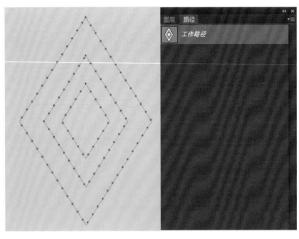

图 12-3

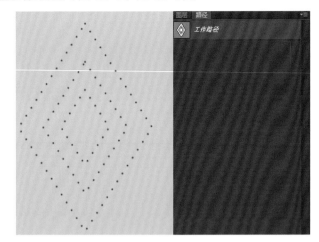

图 12-4

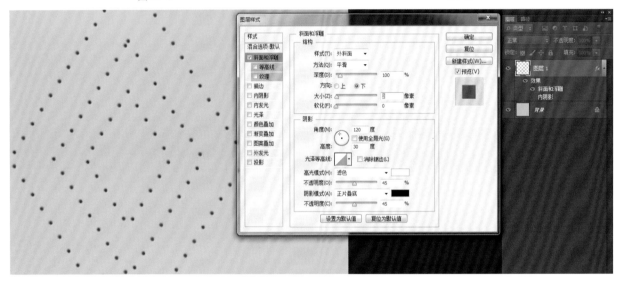

图 12-5

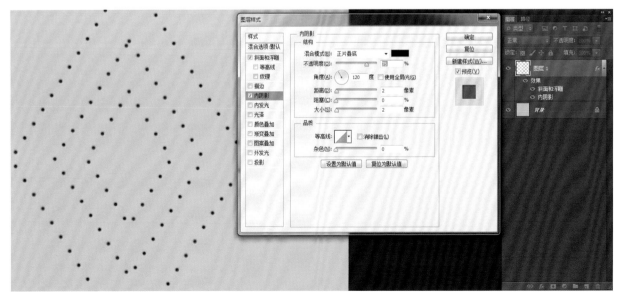

图 12-6

第2节 金属扣

（1）打开跑鞋效果图素材，椭圆工具绘制同心正圆路径（图12-7）。

（2）根据跑鞋鞋眼位设计金属扣，Ctrl+Alt+ 左键拖动复制鞋眼扣路径（图12-8）。

（3）Ctrl+Alt+Shift+ 左键单击，选择外环路径（图12-9）。

（4）执行：右键—建立选区，将外环路径建立选区（图12-10、图12-11）。

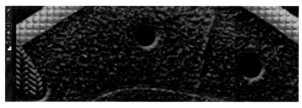

图12-7

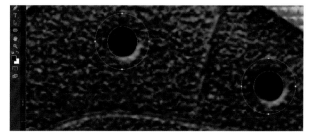

图12-9

（5）Ctrl+ 单击画面空白，取消路径选择，Ctrl+Alt+Shift+ 单击内环路径（图12-12）。

（6）右键—建立选区，然后在弹出的窗口中选择"从选区中减去"，隐藏路径显示，这样就建立了金属扣的环形选区（图12-13、图12-14）。

图12-10

图12 11

图12-12

图12-13

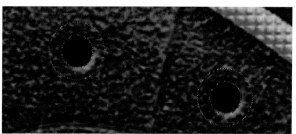

图12-14

101

（7）新建"图层2"，设置前景色为橙色，Alt+Delete键填充橙色（图12-15）。

（8）Ctrl+D取消选区，制作金属扣的图层样式，注意图层样式的光源要整体统一。

①Alt+L+Y+B，打开图层样式窗口，选择"斜面和浮雕"，制作金属扣的立体感，设置参数（图12-16）。

②选择"投影"，制作金属扣的投影效果，设置参数（图12-17）。

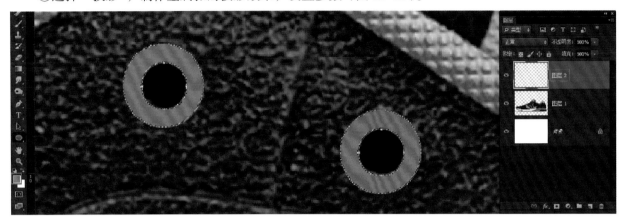

图12-15

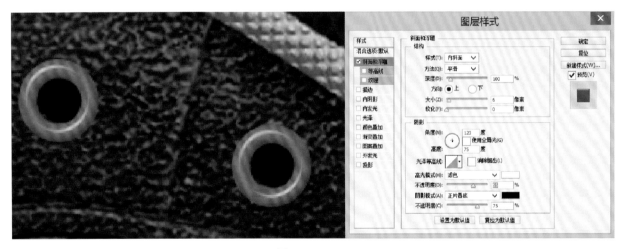

图12-16

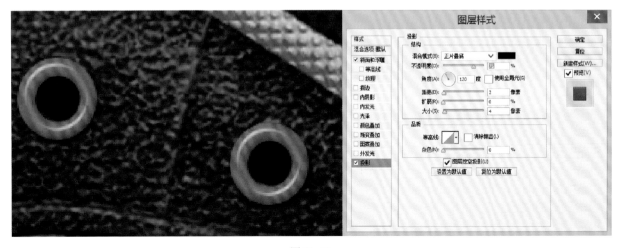

图12-17

③选择"内阴影"，强化金属扣立体感，设置参数（图 12-18）。

（9）制作金属扣"下压"效果。

① Ctrl + 单击金属扣"图层 2"的缩略图，将金属扣对象载入选区（图 12-19）。

②隐藏路径，Alt+L+J+C，弹出窗口（图 12-20），确定，新建调整图层。

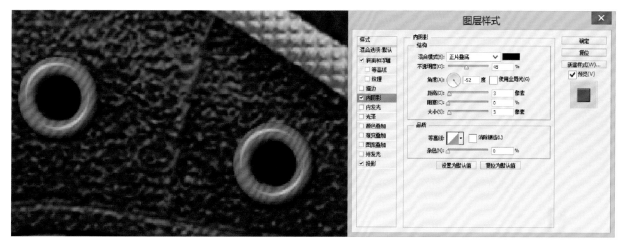

图 12-18

图 12-19

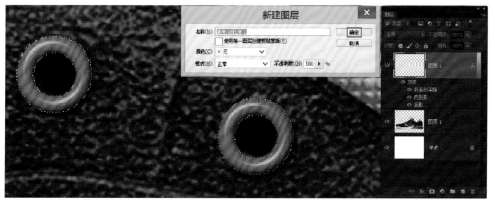

图 12-20

③ Alt+L+Y+B，调出新建调整图层的图层样式窗口，设置参数（图 12-21）。

④ Ctrl +【，将新建调整图层下移，选择橡皮擦工具，擦除内部的凸起效果（图 12-22）。

（10）金属扣的整体效果制作完成（图 12-23）。

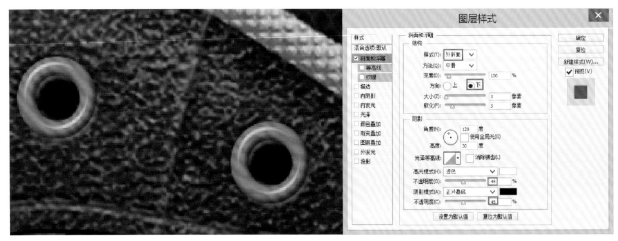

图 12-21

图 12-22

图 12-23

本章小结

冲孔也叫装饰孔，常用在鞋头与侧身，属早期、最简中的装饰工艺，兼具装饰性和透气功能，在板鞋、篮球鞋等品类中出现比较多。冲孔的形状设计和排列布局十分重要。冲孔效果的表达可以总结为一句口诀：外斜面、向下、大小为2。

金属扣主要通过调大光线的高度来塑造金属的表面光滑反光的质感，立体感可以通过内阴影来加强。本章的重点是熟练新建调整图层的操作方法，并使用新建调整图层的方法制作金属扣的下凹效果。

本章练习

根据本章提供的"冲孔原图素材""金属扣原图素材"，参考案例中给出的具体步骤，熟练完成冲孔和金属扣最终效果图的绘制。

第13章 热切工艺

课时分配：
共2课时，理论1课时，实践1课时。

学习目标：
通过本章平滑热切和尖锐热切案例的学习，熟悉热切工艺的图层样式参数设置，熟记绘制步骤，根据实际需要，灵活应用。

技能要求：
学生能根据热切的实际造型特点，熟练绘制各种不同造型效果的热切工艺，发现调整图层样式的规律，总结绘图方法，能够根据实际学习和工作的需要触类旁通，灵活应用本章节的知识解决实际问题。

第1节 平滑热切

（1）打开本章节热切工艺原图，Ctrl+单击图层缩略图，载入选区（图13-1）。

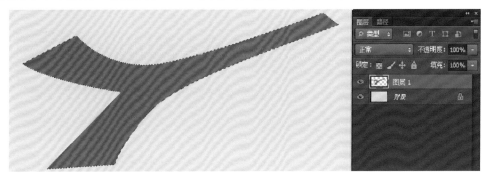

图13-1

（2）执行 Alt+S+M+E，选区扩展 10 像素（图 13-2）。

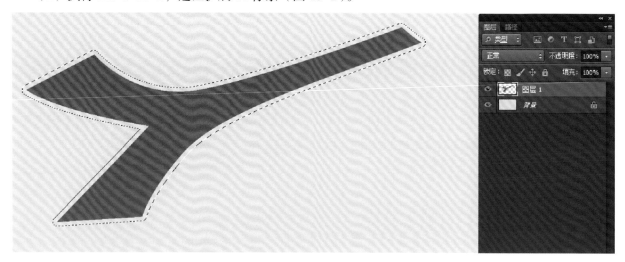

图 13-2

（3）新建"图层 2"，填充蓝色，Ctrl +【，图层下移一层（图 13-3）。

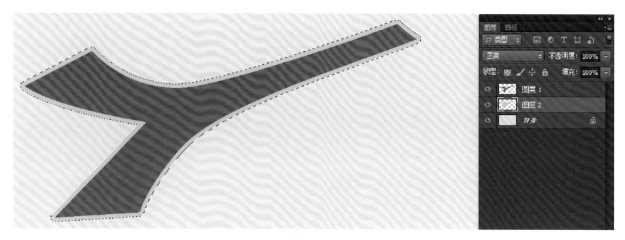

图 13-3

（4）Ctrl+D 取消选区，双击"图层 1"，图层样式调整参数设置（图 13-4）。

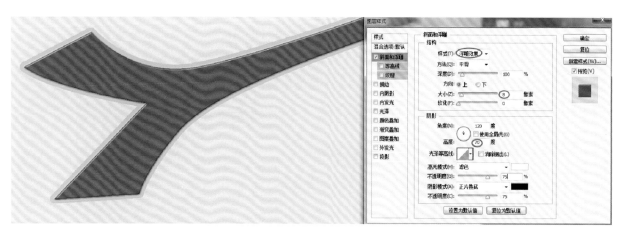

图 13-4

（5）双击"图层 2"，图层样式调整参数设置，平滑热切的效果制作完成（图 13-5）。

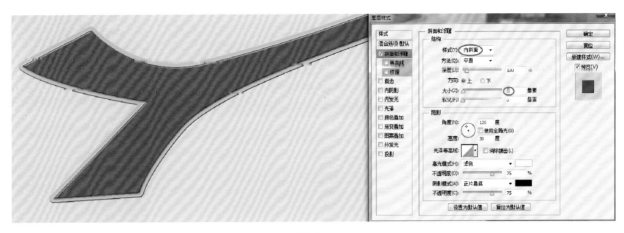

图 13-5

第 2 节　尖锐热切

（1）选择"图层 1"，Ctrl＋单击"图层 1"的缩略图，载入选区（图 13-6）。

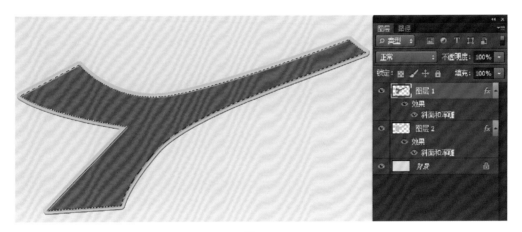

图 13-6

（2）执行 Alt+L+J+C，确定，新建调整图层（图 13-7、图 13-8）。

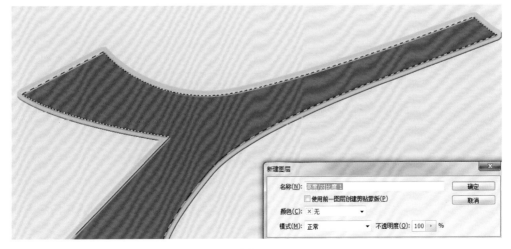

图 13-7

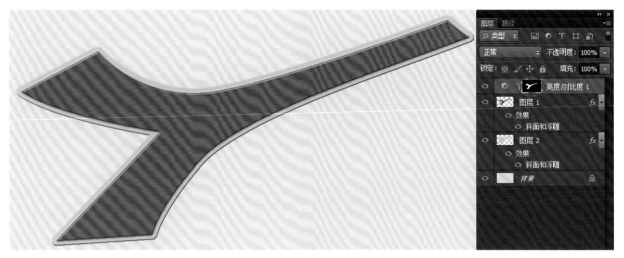

图 13-8

（3）执行 Alt+L+Y+B 打开图层样式窗口，调整参数设置，尖锐热切的效果制作完成（图 13-9）。

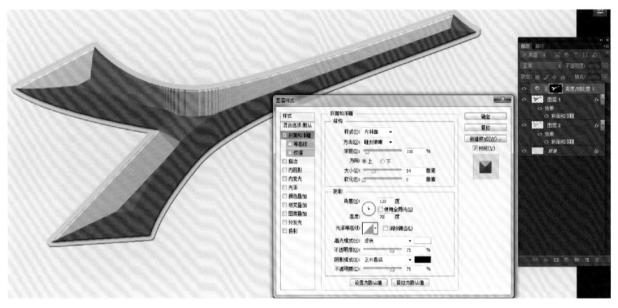

图 13-9

本章小结

热切是将热塑性材料通过加热的模具施加压力进行切割，并且"焊接"在鞋帮部件上，同时产生彩色立体花纹图案的装饰工艺。热切是运动鞋、童鞋中常用的制作工艺。本章节重点是熟练制作图层样式的方法，难点在于掌握选区扩展和新建调整图层制作多重外观样式效果。

本章练习

根据本章提供的"热切原图素材"，参考本章给出的具体步骤，熟练完成平滑热切和尖锐热切最终效果图的绘制。

第14章 空压

课时分配：

共 2 课时，理论 1 课时，实践 1 课时。

学习目标：

通过本章印压凹、空压凹、空压凸、印压凸四种立体效果的学习，熟悉图层样式调整的规律和方法，熟记绘制步骤，达到熟练应用的目的。

技能要求：

学生能根据空压、印压的造型特点，具备熟练绘制空压、印压工艺的能力，特别是能够灵活修改图层样式的参数设置，根据实际学习和工作的需要，触类旁通、灵活应用。

第1节 印压凹效果

（1）打开本节原图素材文件，选择"图层2"，打开图层样式窗口，调整参数设置（图14-1）。

（2）选择"内发光"，混合模式设置为正常，不透明度设置为4，颜色为黑色，调整参数设置，这样就完成了印压凹工艺的制作（图14-2）。

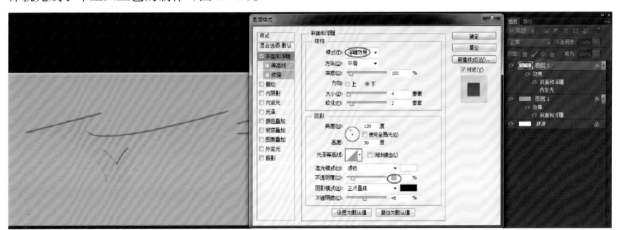

图 14-1

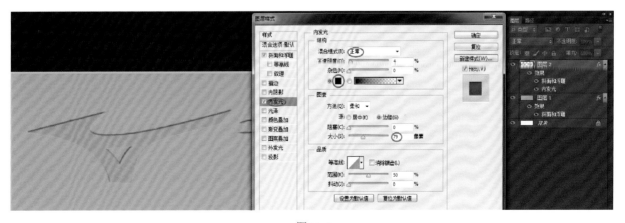

图 14-2

第 2 节　空压凹效果

在图层面板中，填充设置为 0%，完成空压凹工艺效果制作（图 14-3）。

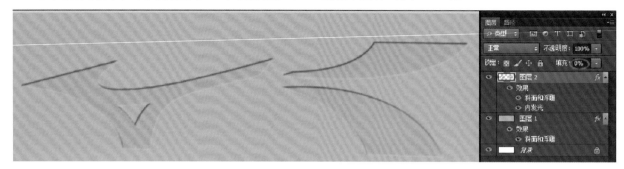

图 14-3

第 3 节　空压凸效果

（1）执行 Alt+L+Y+B，调出图层样式窗口，取消选择"内发光"，调整参数设置（图 14-4），具体效果如图所示。

（2）选择"投影"，调整参数设置，完成空压凸工艺效果制作（图 14-5）。

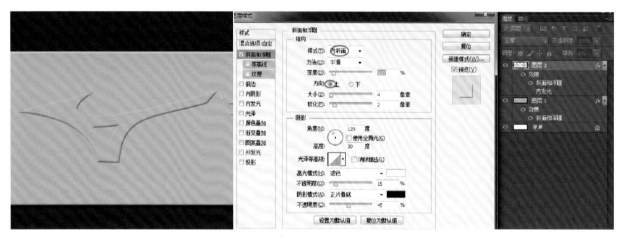

图 14-4

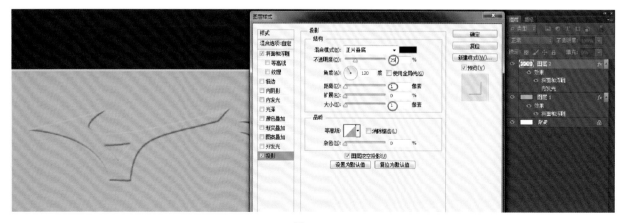

图 14-5

第4节　印压凸效果

将"图层2"的填充设置为60%，完成印压凸工艺效果制作（图14-6）。

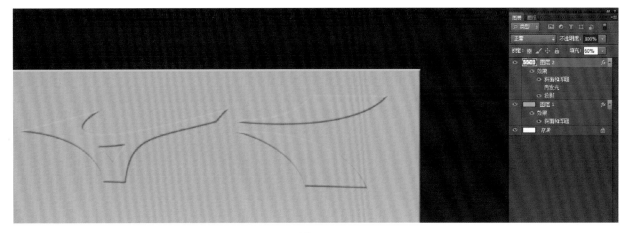

图 14-6

本章小结

空压、印压是运动鞋鞋面常用的装饰工艺，制作难度不大，灵活调整图层样式的参数，制作对应的工艺效果。另外，空压是没有印刷颜色，印压是有颜色印刷的，印压的颜色和压在材料上的颜色不一样。

本章练习

根据本章提供的"空压原图素材"，参考本章给出的具体步骤，熟练完成印压凹、空压凹、空压凸、印压凸的最终效果图绘制，并找出不同立体效果绘制的区别和规律。

第15章　滴塑与网点分化

课时分配：
共4课时，理论2课时，实践2课时。

学习目标：
通过本章滴塑和网点分化工艺效果的学习，熟悉滴塑立体效果的表达和网点分化工艺的绘制，熟记操作步骤，达到灵活应用的目的。

技能要求：
学生具备熟练绘制滴塑和网点分化工艺的能力，特别是熟练图层样式中参数的调整和修改，懂得制作多层次的立体效果，能够根据实际绘图需要灵活应用。

第 1 节　滴塑

（1）新建合适大小的图像文件，椭圆选框工具绘制选区（图 15-1）。

（2）新建"图层 1"，背景色设置为红色，Ctrl+Delete 填充红色（图 15-2）。

（3）执行：Alt+S+M+C，选区收缩 12 像素，新建"图层 2"，Alt+Delete 填充黄色，Ctrl+D 取消选区（图 15-3）。

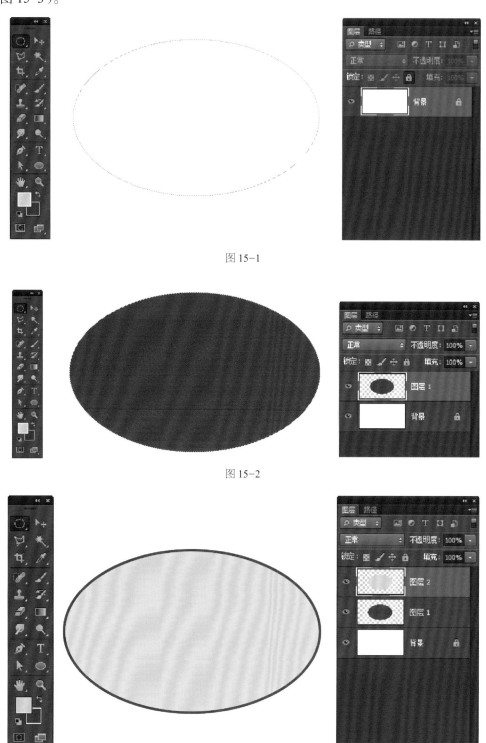

图 15-1

图 15-2

图 15-3

（4）选择"图层2"，打开"图层2"的图层样式窗口，在"斜面和浮雕"中设置参数（图15-4）。

（5）Ctrl+单击"图层2"缩略图，将"图层2"载入选区（图15-5）；执行Alt+L+J+C，新建调整图层（图15-6）。

（6）执行：Alt+L+Y+B，打开图层样式窗口，调整参数设置（图15-7）。

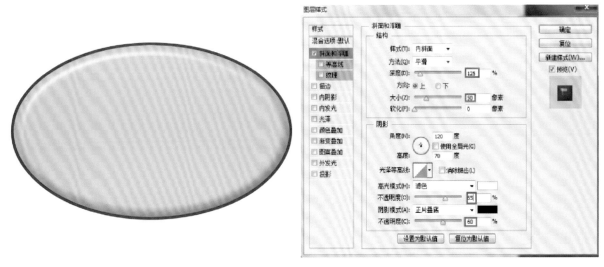

图 15-4

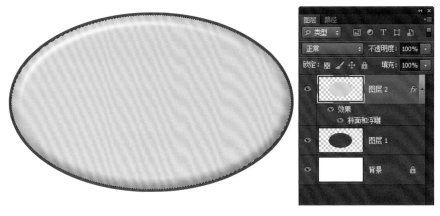

图 15-5

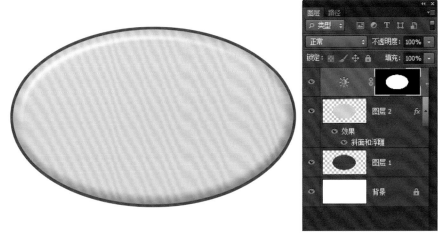

图 15-6

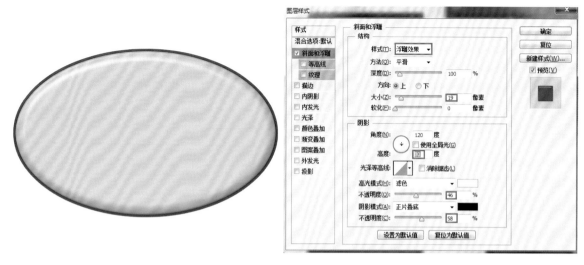

图 15-7

（7）选择"图层 1"，打开图层样式窗口，制作"斜面和浮雕"和"投影"效果（图 15-8、图 15-9）。

（8）插入意尔康 Logo 字体图层，制作图层样式效果（图 15-10 ～图 15-12）。

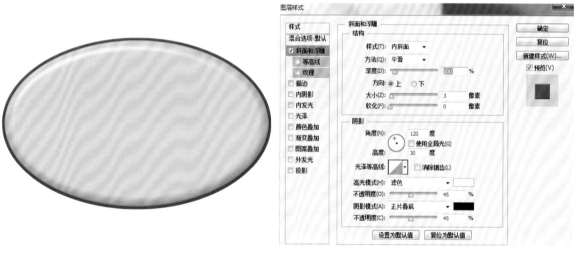

图 15-8

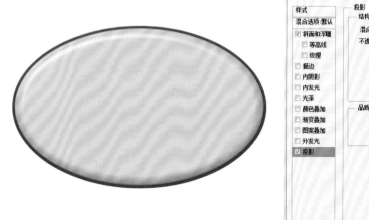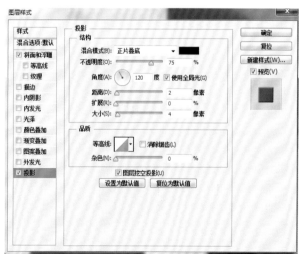

图 15-9

图 15-10

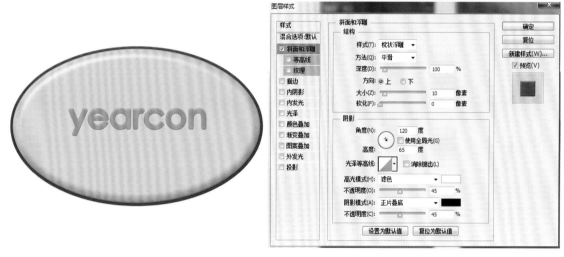

图 15-11

图 15-12

（9）背景色设置为红色，执行 Ctrl+Shift+Delete，将字体的颜色改为红色，滴塑效果完成（图 15-13）。

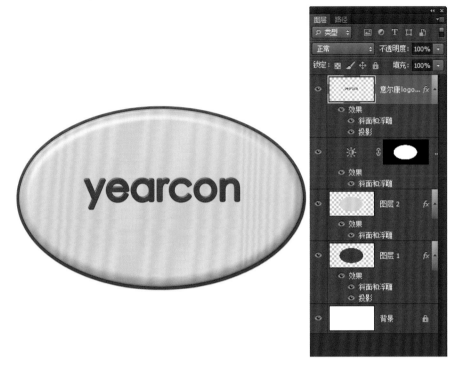

图 15-13

第 2 节　网点分化

（1）打开本节原图素材文件，执行：图像—模式—灰度（图 15-14）。

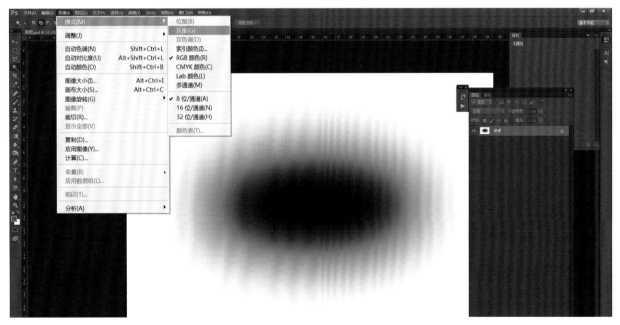

图 15-14

（2）执行：图像—模式—位图（图 15-15）；弹出窗口设置参数（图 15-16、图 15-17）。

（3）执行：图像—模式—灰度，大小比例为 1（图 15-18）。

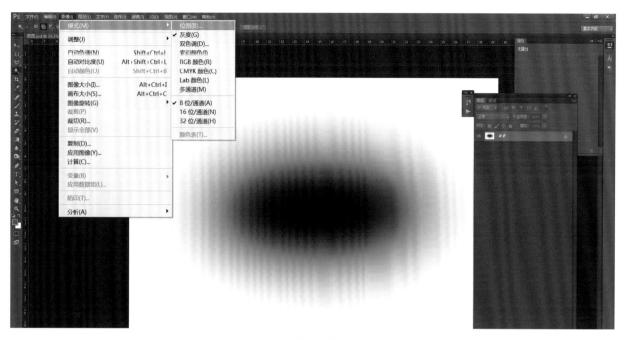

图 15-15

图 15-16

图 15-17

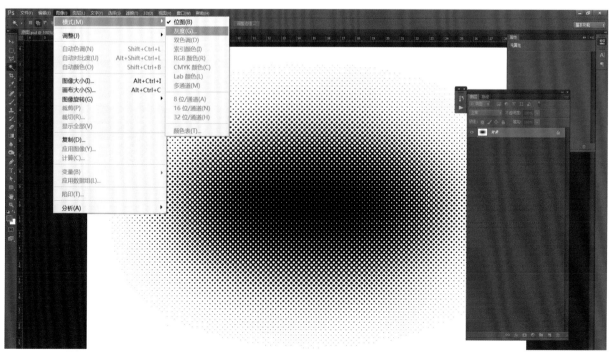

图 15-18

（4）执行：图像—模式—RGB（图 15-19）。

（5）选择魔棒工具，建立黑色区域的选区，鼠标放在选区内，右键—选区相似（图 15-20）。

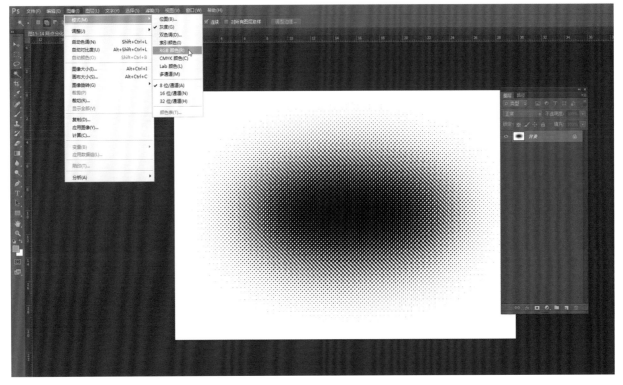

图 15-19

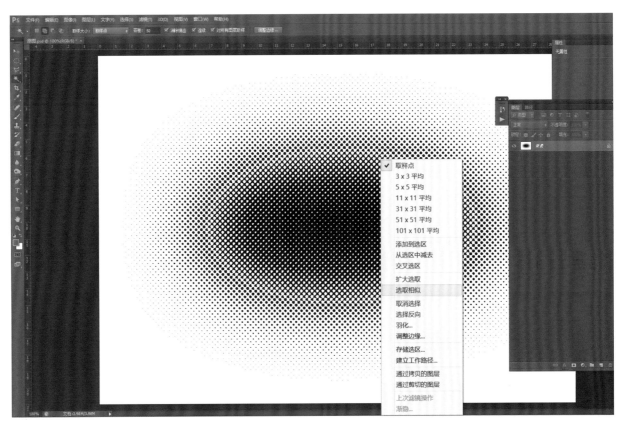

图 15-20

（6）新建图层，用渐变工具拉出用户需要的渐变色彩，Ctrl+D 取消选区（图 15-21）。

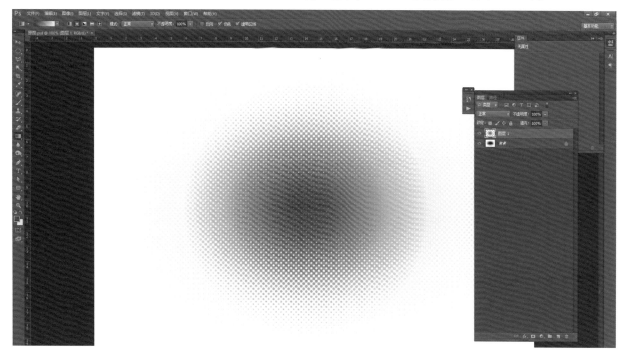

图 15-21

本章小结

滴塑是塑料行业中用注塑工艺加工出来的、适合运动鞋装饰的小块产品。滴塑工艺是指将滴塑部件缝合在鞋帮面上的一种制作工艺，在运动鞋中常有出现，常用在鞋眼、后套、侧身等位置。

分化工艺是后来发展起来，并流行于童鞋中的一种常用工艺。分化实际上是印刷行业的转印工艺，它比丝网印刷效率高、质量好，优点是一次操作可以用多种色彩，而且不妨碍花纹图案的清晰和光滑，能够表现一种朦胧的、渐变的效果。

本章练习

根据本章提供的"滴塑原图素材"，参考本章给出的具体步骤，熟练完成滴塑效果绘制，独立完成网点分化效果绘制。

第 16 章　电绣、贴绣、拼缝

课时分配：
共 4 课时，理论 2 课时，实践 2 课时。

学习目标：
通过本章电绣、贴绣和拼缝工艺的学习，熟悉绘制方法，熟记绘制步骤，达到熟练应用的目的。

技能要求：

学生能够分析电绣、贴绣和拼缝工艺的特点，具备熟练绘制对应效果的能力，总结其方法，能够根据实际绘图需要绘制所需效果，特别是拼缝工艺，需要多次练习总结规律、灵活应用。

第 1 节 电绣、贴绣

（1）打开本章节原图素材，以意尔康体育用品有限公司的 Logo 为例（图 16-1）。

（2）打开图层样式窗口，设置"斜面和浮雕"的参数（图 16-2）。

图 16-1

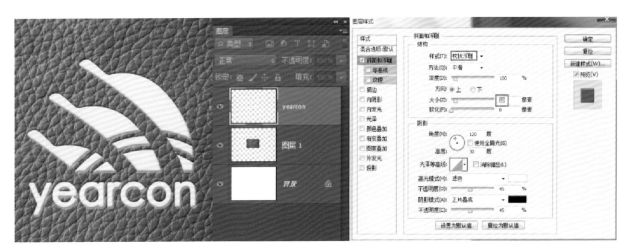

图 16-2

（3）执行：滤镜—模糊—高斯模糊（图 16-3）；模糊半径为 1.5 像素（图 16-4）。

（4）钢笔工具绘制直线路径，然后再次变换（再次变化操作在本书路径章节有详细介绍，这里不作赘述），绘制工作路径（图 16-5）。

图 16-3

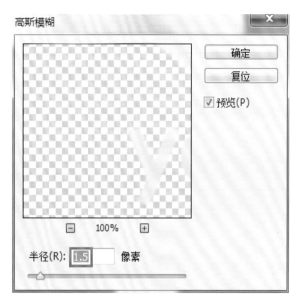

图 16-4

图 16-5

（5）新建图层，Ctrl+Alt+G 创建剪贴蒙版，前景色设置为浅灰色（图 16-6）。

图 16-6

（6）选择画笔工具，画笔大小为 2 像素，不透明度和流量都设置为 100%（图 16-7）。

（7）选择工作路径—回车键描边，Ctrl+H 隐藏路径后显示效果（图 16-8、图 16-9）。

（8）打开"图层 2"的图层样式，设置"斜面和浮雕"的参数（图 16-10）；设置"纹理"的参数（图 16-11）；设置"投影"的参数，电绣效果完成（图 16-12）。

图 16-7

图 16-8

图 16-9

图 16-10

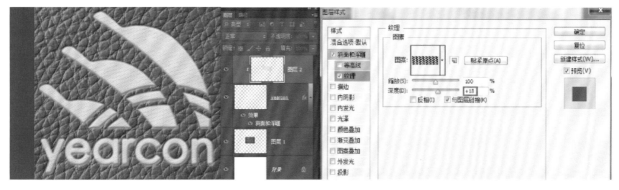

图 16-11

图 16-12

（9）Ctrl+J 制作"yearcom"图层的副本，将副本载入选区（图 16-13）。

（10）执行：Alt+S+M+E，选区扩充 10 像素，填充白色，Ctrl+D 取消选区（图 16-14、图 16-15）。

图 16-13

图 16-14

（11）执行：Ctrl+Shift+ 】，将"yearcom"图层置顶，将该图层填充为蓝色（图 16–16、图 16–17）。

（12）制作"yearcom"图层的副本的投影，完成贴绣的最终效果（图 16–18）。

图 16–15

图 16–16

图 16–17

图 16-18

第 2 节　拼缝

（1）打开"拼缝线原图"素材文件，选择画笔工具，大小设置为 6 像素，硬度 100%（图 16-19）。

（2）新建"图层 1"，Ctrl+"显示网格（图 16-20）。

（3）前景色设置为黑色，利用网格，按住 Shift 在画面中绘制如图"V"字形状（图 16-21）。

图 16-19

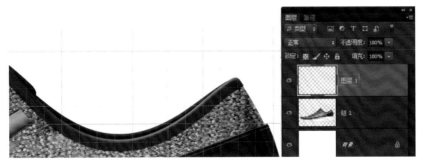

图 16-20

图 16-21

（4）Ctrl+ 单击"图层 1"缩略图，载入选区，编辑—定义画笔预设（图 16-22）；画笔名称为"缝线"，确定（图 16-23）。

（5）Ctrl+D 取消选区，隐藏"图层 1"，新建"图层 2"，画笔大小设置为 8 像素（比缝线大 2 个像素），记住在同样的位置绘制孔的造型（图 16-24）。

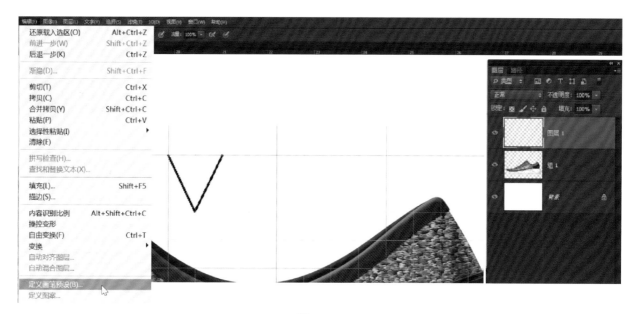

图 16-22

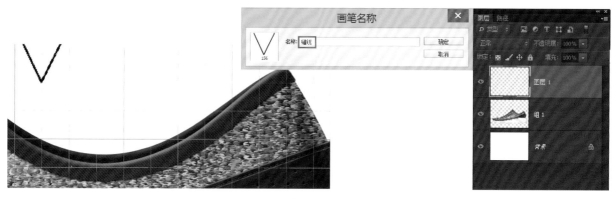

图 16-23

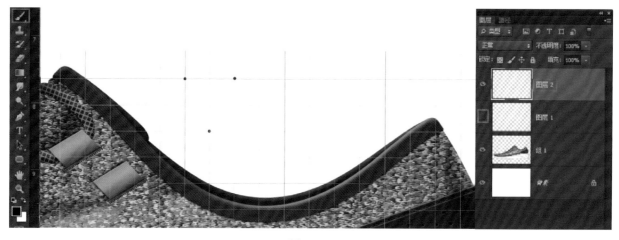

图 16-24

（6）同样的方法定义"孔"的画笔预设（图 16-25、图 16-26）。

（7）Ctrl+D 取消选区，隐藏"图层 2"，Ctrl+"隐藏网格，打开画笔预设面板，选择刚定义的"缝线"预设（图 16-27）；打开画笔面板，设置"画笔笔尖形状"的参数（图 16-28），设置"形状动态"的参数（图 16-29）。

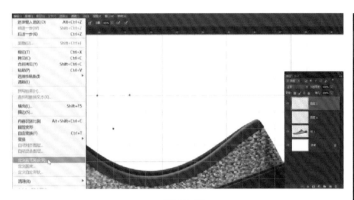

图 16-25

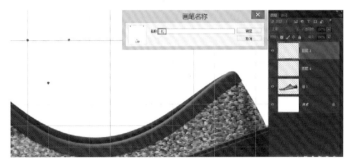

图 16-26

图 16-27

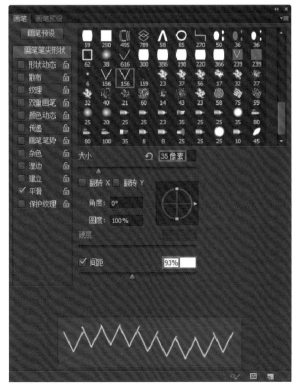

图 16-28

图 16-29

（8）再打开画笔预设面板，光标放在画笔预设面板中出现油漆桶标志（图 16-30）；单击，将上一步设置好的画笔参数定义到画笔预设面板中（图 16-31）。

（9）在画笔预设面板中选择刚定义的"孔"预设（图 16-32）；打开画笔面板，设置"画笔笔尖形状"的参数（图 16-33），设置"形状动态"的参数（图 16-34）。注意：这里的参数设置一定要跟"缝线"的参数设置一致。

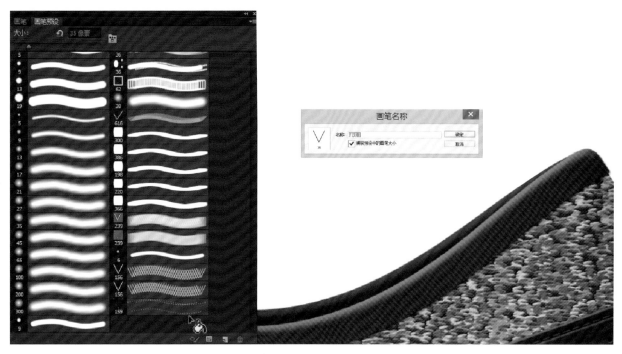

图 16-30

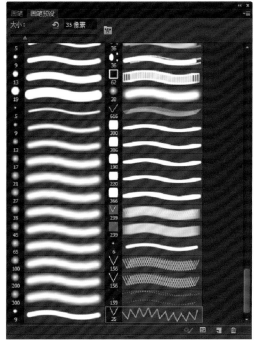

图 16-31

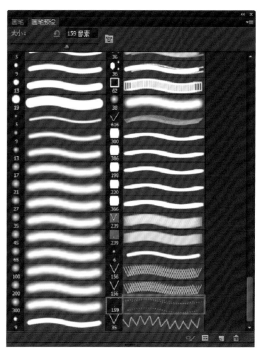

图 16-32

图 16-33　　　　　　　　　　　　　　　图 16-34

（10）再打开画笔预设面板，光标放在画笔预设面板中出现油漆桶标志（图 16-35）；单击，将上一步设置好的画笔参数定义到画笔预设面板中（图 16-36）。

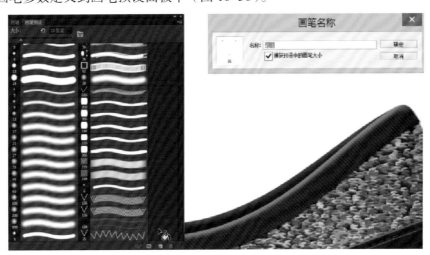

图 16-35

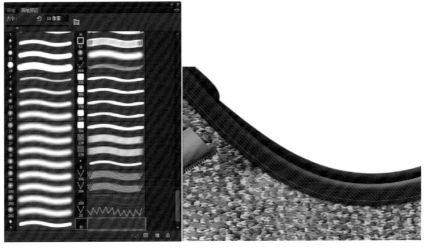

图 16-36

（11）选择"路径 1"，新建"图层 3"，打开画笔预设面板，选择"缝线 1"（图 16-37）。

（12）前景色设置为白色，回车键描边（图 16-38）。

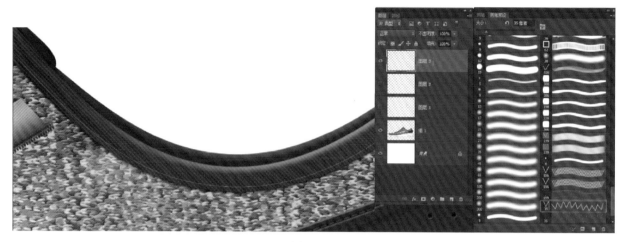

图 16-37

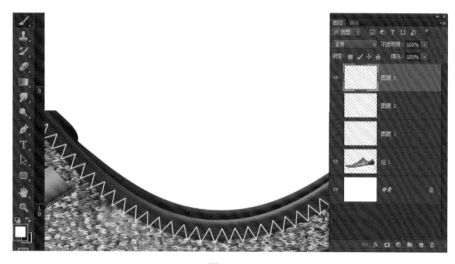

图 16-38

（13）选择"路径 1"，新建"图层 4"，打开画笔预设面板，选择"孔 1"（图 16-39）。

（14）前景色设置为黑色，回车键描边，"孔"绘制完成，这样孔的位置与缝线的位置是完全匹配的（图 16-40）。

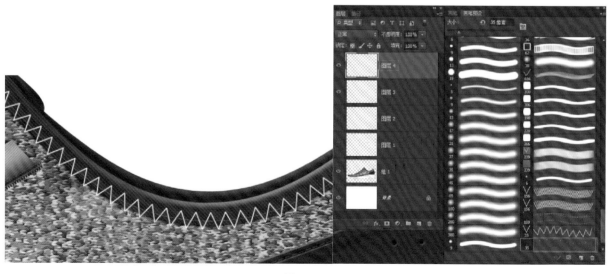

图 16-39

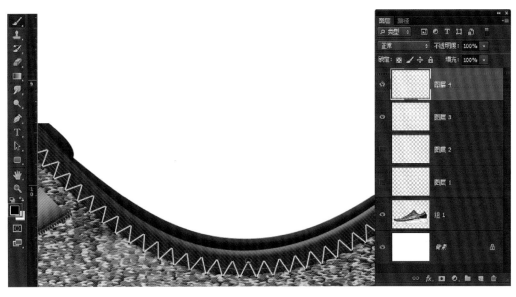

图 16-40

（15）隐藏路径显示，制作孔的图层样式效果（图 16-41）；制作缝线的图层样式效果（图 16-42、图 16-43）。

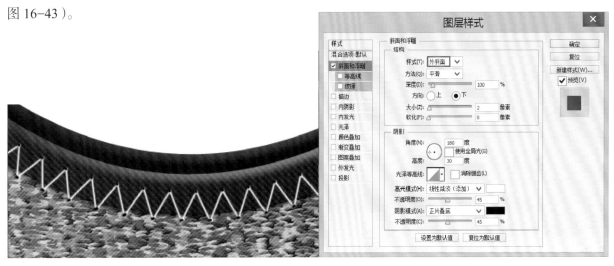

图 16-41

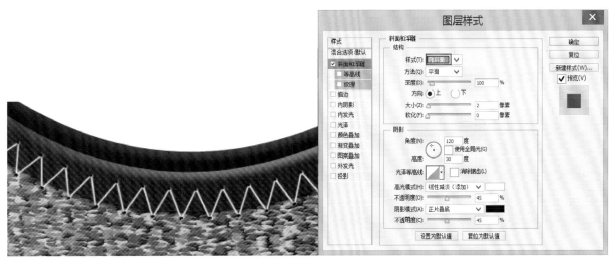

图 16-42

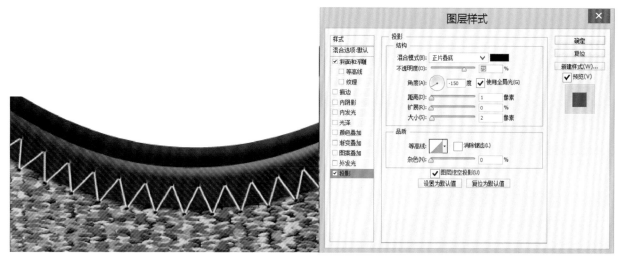

图 16-43

（16）将缝线的颜色改为橙色，最终效果完成（图 16-44）。注意：设置好的画笔可以存储起来，以后不用重复设置，可以通过载入的方法继续使用，提高工作效率（图 16-45）。

图 16-44

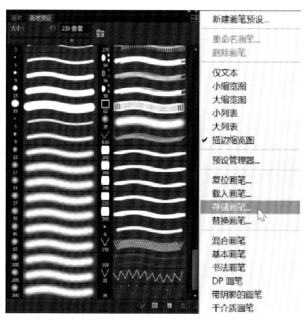

图 16-45

本章小结

电绣工艺多用在鞋舌、眉片、后套、侧身等位置，一般用作品牌 Logo 的设计。电绣工艺除了在造型、色彩、质地上精致细腻，最突出的是它具有光泽上的变化。电绣出的绣花线具有自然、悦目的光泽，视觉效果格外亮丽诱人，整体提高了鞋的档次。

拼缝工艺是鞋帮面成型的一种重要工艺，它的制作原理是定义画笔预设，通过调节画笔面板和画笔预设面板参数来改变车线的形态，跟车线的制作原理相似，它包括线和孔两部分的制作，而且在图层样式的参数设置上是一致的。

大家在制作拼缝线的时候一般会遇到困惑，只能定义"缝线"的画笔预设，而"孔"需要通过手动一个个画上去，或者定义"孔"的画笔预设，"缝线"手动画上去。本章则详细阐述孔和缝线同时匹配绘制完成，无需手动绘制，极大缩短了画图时间。在画笔预设面板中重新定义，然后通过钢笔绘制的路径描边，虽然过程比较多，但可以定义画笔预设，然后存储，再次遇到绘制拼缝线工艺可以载入一键使用。

本章练习

根据本章提供的"电绣原图素材"和"拼缝线原图素材"，参考本章给出的具体步骤，熟练完成电绣、贴绣和拼缝效果绘制。

第 17 章　材质添加方法

课时分配：
共 2 课时，理论 1 课时，实践 1 课时。

学习目标：
通过本章图层样式法和剪贴蒙版法的学习，熟悉材质添加方法，熟记案例绘制步骤，达到熟练、灵活应用的目的。

技能要求：
学生能够熟练运用图层样式法和剪贴蒙版法给对象添加材质，能够根据实际效果的需要，熟练完成不同类型材质的肌理效果表现，并且举一反三、活学活用。

第 1 节　图层样式法

（1）将素材"黄色反绒皮"图片打开（图 17-1）；执行 Ctrl+Shift+U 去色（图 17-2）。

图 17-1　　　　　　　　　　　　　　图 17-2

（2）执行 Ctrl+M 曲线调整材料的亮度（图 17-3）；裁切工具选取图片较为平整的范围（图 17-4）。

（3）Ctrl+A 全选图片内容，菜单—编辑—定义图案—确定（图 17-5）。

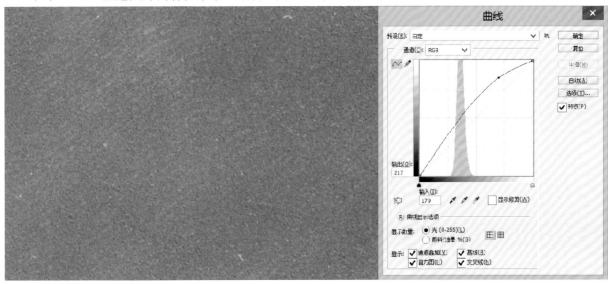

图 17-3

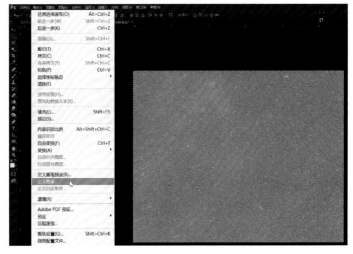

图 17-4

图 17-5

（4）打开图层样式，选择"图案叠加"，图案就定义在图案库中的最后一个（图 17-6、图 17-7）。

（5）打开"图层样式法素材"，双击"图层 1"，打开对象的图层样式，选择"图案叠加"，选择刚才定义进去的材质，混合模式设置为"正片叠底"，透出对象固有色，调整不透明度和缩放大小（图 17-8）。

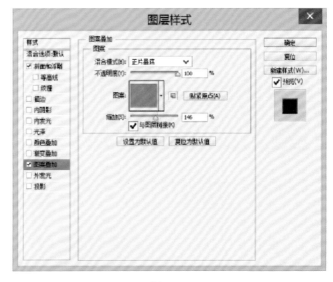

图 17-6

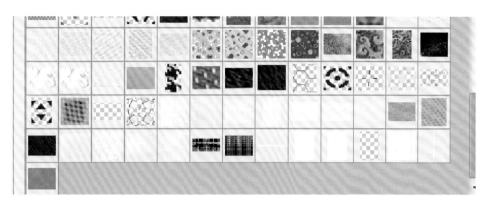

图 17-7

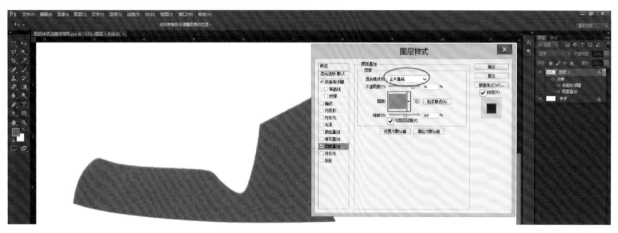

图 17-8

第 2 节　剪贴蒙版法

（1）打开"剪贴蒙版法原图"文件，用移动工具将荔枝纹素材图片拖动到文件中（图 17-9）。

（2）Ctrl+ 单击"图层 1"的缩略图，将荔枝纹图片变成选区，Shift+F6，羽化半径设置为 3 像素（图 17-10）。

图 17-9

图 17-10

（3）Ctrl+Alt+ 左键向下拖动，复制拼接材质，重复操作，使材质面积变大（图 17-11、图 17-12）。

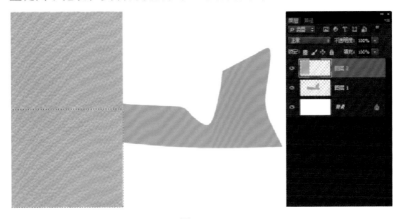

图 17-11

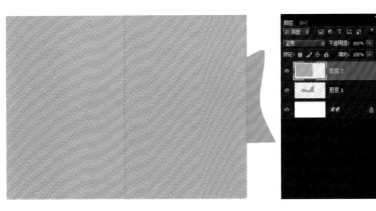

图 17-12

（4）运用剪贴蒙版的方法，将材质剪贴在部件中。

① Ctrl+D 取消选区，将材质图层移动到应用对象的上面，完整的覆盖应用对象（图 17-13）。

② Ctrl+Alt+G 创 建剪 贴 蒙 版（图 17-14）；Ctrl+T 自由变换，调整对象的位置和大小（图 17-15）。

图 17-13

图 17-14

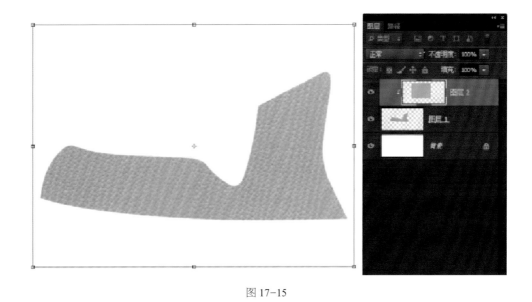

图 17-15

③将"图层 2"的混合模式设置为"正片叠底",显示对象的颜色（图 17-16）。

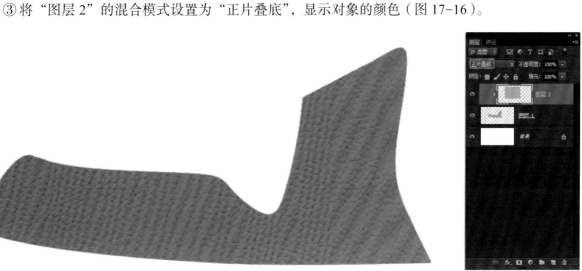

图 17-16

本章小结

材质是体现效果图层次细节的重要组成部分，没有材质纹理的表现，设计会显得"空洞""冷淡"。本章详细介绍了反毛皮和荔枝纹材质肌理效果的制作方法，而市场上各个品类的鞋子材质众多，学生应通过本案例，触类旁通，举一反三，灵活运用本章讲述的方法，根据实际绘图需求给其他品类的鞋子添加材质，使设计效果图更具美感。

本章练习

根据本章提供的"图层样式法原图素材"和"剪贴蒙版法原图素材"，参考本章给出的具体步骤，熟练完成案例中鞋面材料的绘制。

第 18 章　鞋带制作方法

课时分配：

共 6 课时，理论 2 课时，实践 4 课时。

学习目标：

通过本章鞋带制作方法的学习，熟悉不同立体鞋带造型的表现方法，熟记绘制步骤，达到熟练应用的目的。

技能要求：

学生能观察鞋带的不同立体感，具备熟练圆形鞋带和扁平鞋带的绘制技巧，能够根据实际效果表现，并且举一反三、活学活用。

第 1 节　圆形鞋带表现方法

（1）打开本节原图素材文件，打开路径面板，选择"路径 1"（图 18-1）。

（2）Ctrl+Shift+Alt 单击连选鞋带前排路径，右键—建立选区—确定（图 18-2~ 图 18-4）。

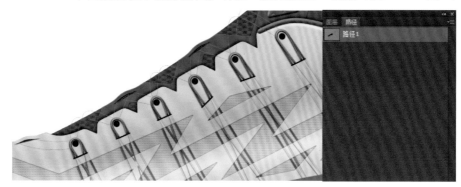

图 18-1

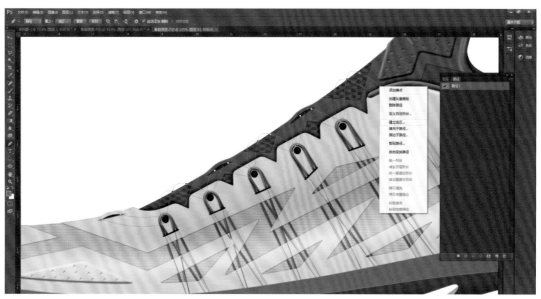

图 18-2

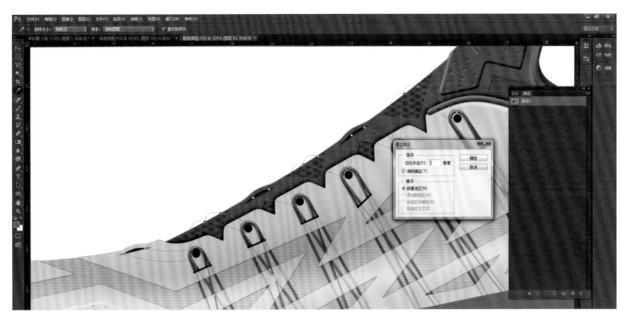

图 18-3

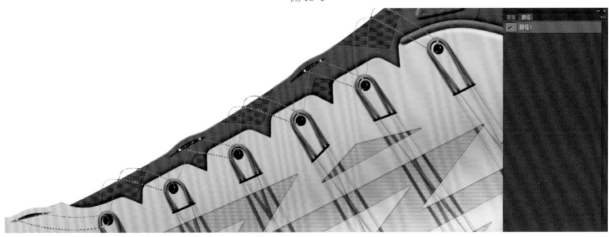

图 18-4

（3）在里布图层（图层47）之上新建图层，设置前景色为蓝色，Alt+Delete 选区填充蓝色（图 18-5）。

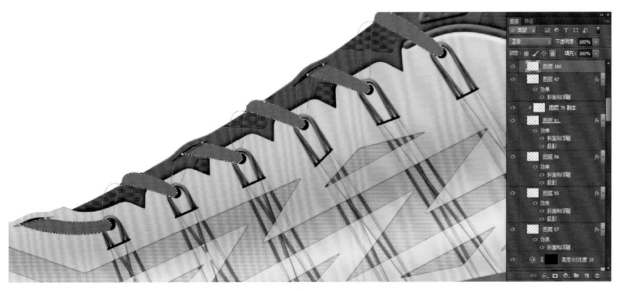

图 18-5

（4）Ctrl+D 取消选区，取消路径选择，然后 Ctrl+Shift+Alt 单击连选鞋带后排路径（图 18-6）；右键—建立选区—确定，完成效果（图 18-7）。

（5）在"图层 52"之上新建图层（该图层应位于眼盖之下，鞋舌之上），Alt+Delete 键填充前景色（图 18-8）。

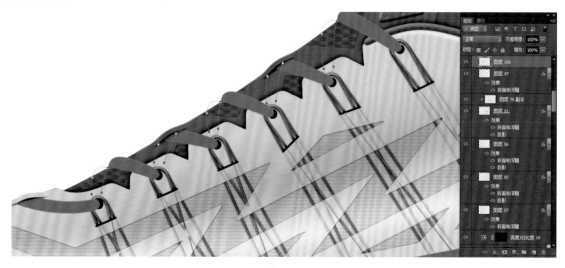

图 18-6

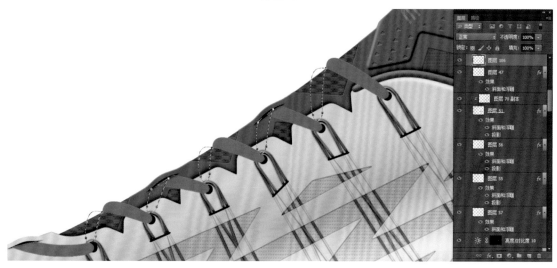

图 18-7

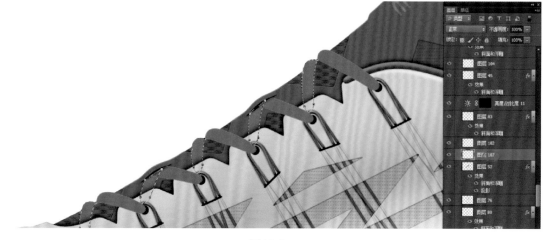

图 18-8

（6）Ctrl+H 隐藏选区和路径，选择前排鞋带的图层，打开图层样式，制作"斜面和浮雕"（图 18-9）；制作"纹理"（图 18-10）；制作"投影"（图 18-11）。

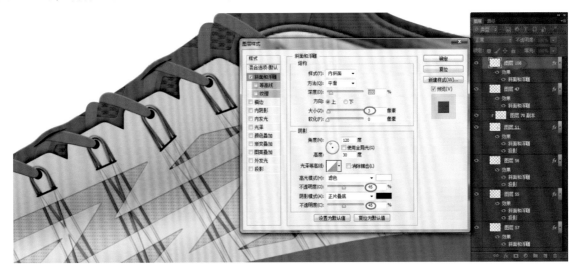

图 18-9

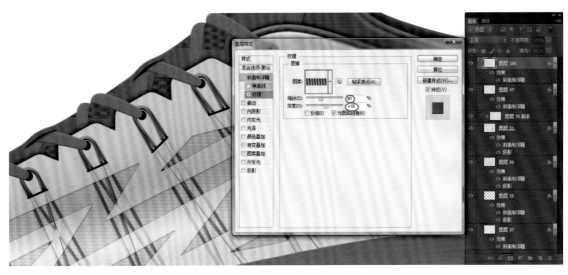

图 18-10

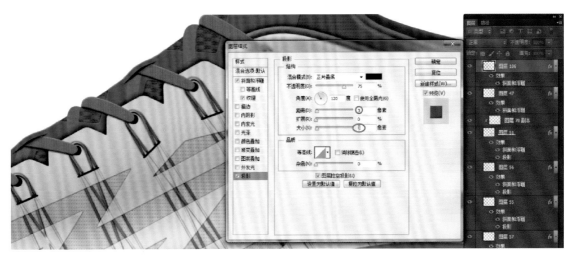

图 18-11

（7）拷贝前排鞋带的图层样式（图 18-12）；粘贴到后排鞋带上，这样能提高作图效率（图 18-13）。

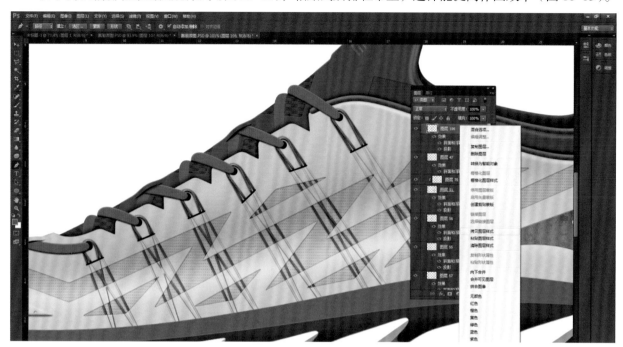

图 18-12

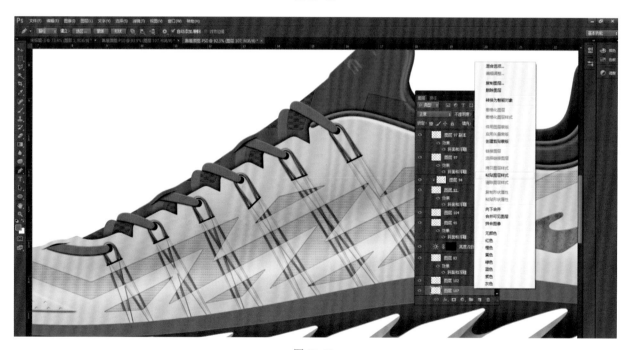

图 18-13

（8）Ctrl+ 单击前排鞋带图层的缩略图，载入选区（图 18-14）。

（9）执行：Alt+S+M+C，选区收缩 4 像素（图 18-15、图 18-16）。

（10）选择钢笔工具，绘制工作路径，路径要沿着选区绘制（图 18-17）。

（11）Ctrl+Shift+ 回车键，将路径与选区合并，得到延展的选区（图 18-18）。

（12）执行：Alt+L+J+C，新建调整图层；执行：Ctrl+Alt+G，建立剪切蒙版（图 18-19）。

（13）执行：Alt+L+Y+B，打开图层样式，设置具体参数（图 18-20）。

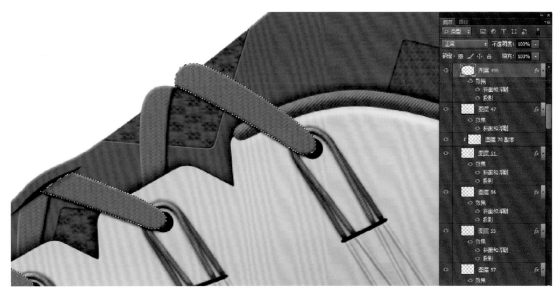

图 18-14

图 18-15

图 18-16

图 18-17   图 18-18

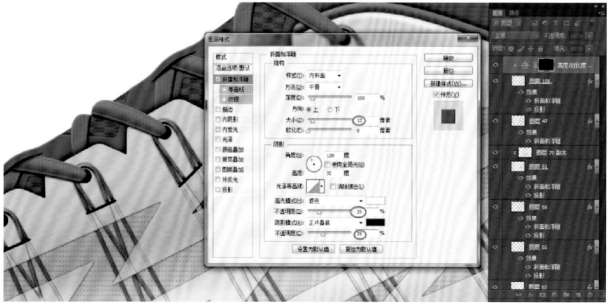

图 18-19

图 18-20

（14）同样的方法制作后排鞋带效果，圆形鞋带绘制完成（图18-21~图18-23）。

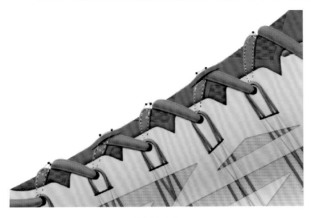

图 18-21

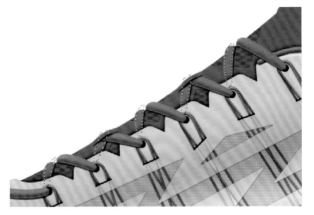

图 18-22

图 18-23

第 2 节　扁平鞋带表现方法

（1）打开"扁平鞋带原图"素材，打开路径面板，选择鞋带路径（图18-24）。

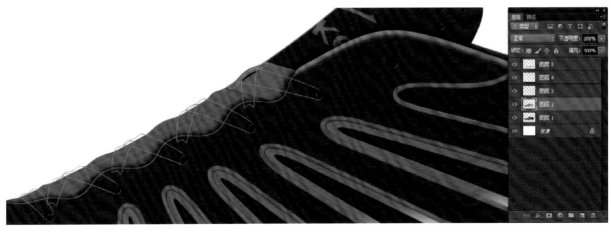

图 18-24

（2）选择上层鞋带路径，右键—建立选区（图 18-25）。

（3）在"图层 2"（眼盖图层）之上，新建"图层 6"，填充深蓝色（图 18-26）。

（4）Ctrl+D 取消选区，选中后排鞋带路径（图 18-27）。

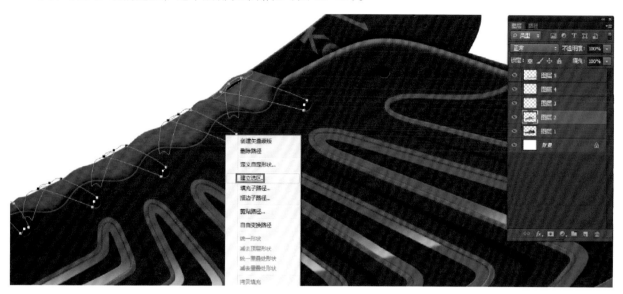

图 18-25

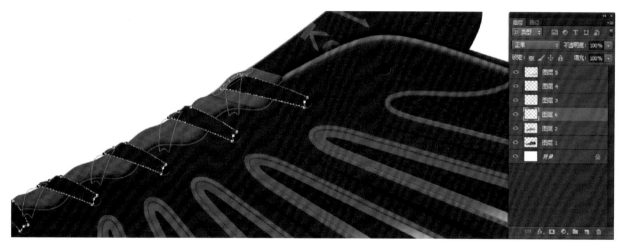

图 18-26

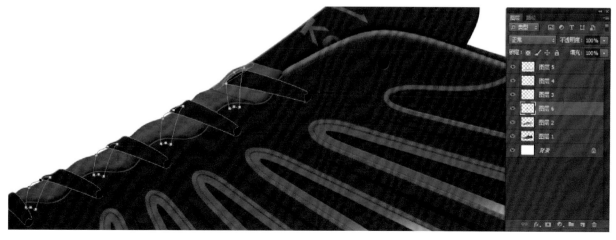

图 18-27

（5）右键—建立选区，在"图层2"（眼盖图层）之下新建"图层7"，填充深蓝色（图18-28）。

（6）Ctrl+H隐藏路径和选区，选中"图层6"，制作"图层6"的"斜面和浮雕""纹理"和"投影"效果（图18-29~图18-31）。

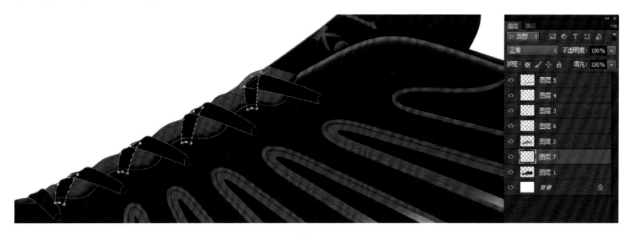

图 18-28

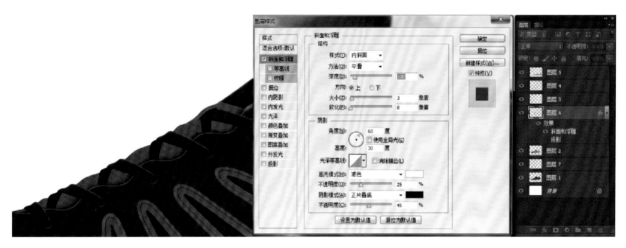

图 18-29

图 18-30

图 18-31

（7）将前排鞋带（图层 6）载入选区，执行 Alt+S+M+E，选区收缩 4 像素（图 18-32）。

图 18-32

（8）隐藏路径，根据选区"蚂蚁线"绘制闭合路径（图 18-33），Ctrl+Shift+ 回车键，实现路径与选区合并。

图 18-33

（9）执行 Shift+F6，羽化半径为 2 像素（图 18-34）。

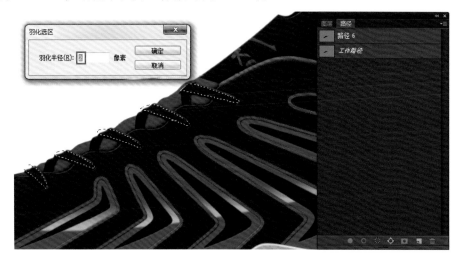

图 18-34

（10）执行：菜单—图层—新建调整图层—亮度 / 对比度—确定，Ctrl+Alt+G 创建剪贴蒙版（图 18-35）。

（11）制作该图层的图层样式，调整参数设置（图 18-36）。

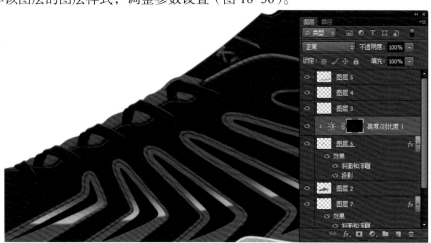

图 18-35

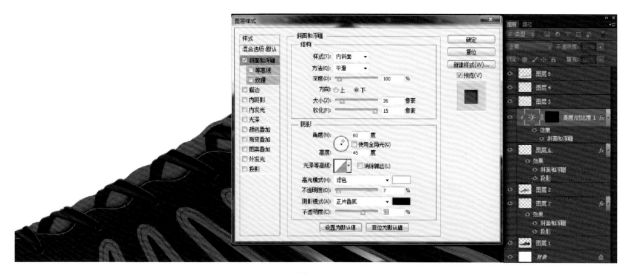

图 18-36

（12）同样的方法制作后排鞋带的图层样式效果和新建调整图层效果（图 18-37）。

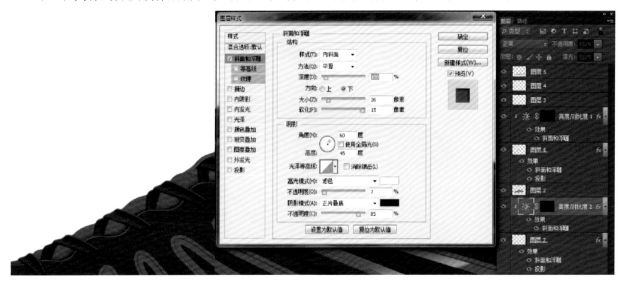

图 18-37

（13）绘制鞋带的装饰线效果。

①选择钢笔工具，在工具属性栏设置参数，绘制形状路径（图 18-38~ 图 18-40）。

图 18-38

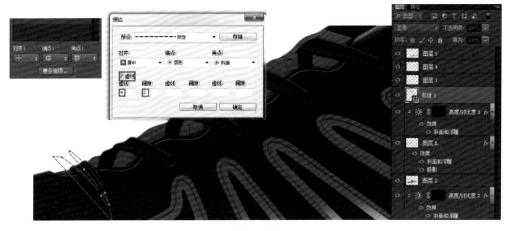

图 18-39

图 18-40

②执行：Ctrl+Alt+G 创建剪贴蒙版，Ctrl+H 隐藏路经（图 18-41）。

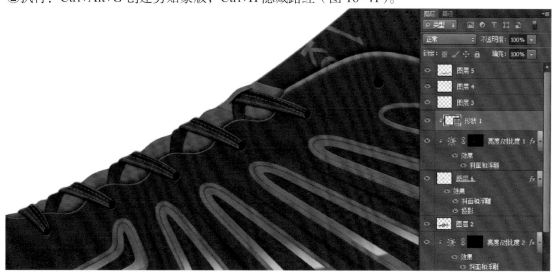

图 18-41

③同样的方法绘制后排鞋带的装饰线，并创建剪贴蒙版（图 18-42、图 18-43）。

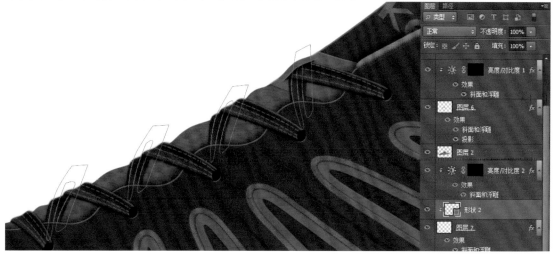

图 18-42

图 18-43

（14）绘制鞋带暗部变化效果。

①绘制椭圆选区，羽化半径设置为 5 像素（图 18-44）。

②新建图层，填充黑色，Ctrl+Alt+G 创建剪贴蒙版（图 18-45）。

图 18-44

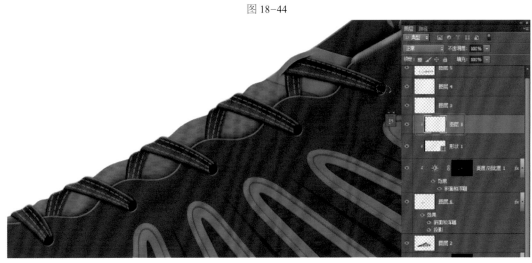

图 18-45

③ Ctrl+Alt+ 拖动，复制选区内容，完成每根鞋带暗部的制作；Ctrl+D 取消选区，图层不透明度设置为 80％，扁平鞋带的效果绘制完成（图 18-46）。

图 18-46

本章小结

鞋带是固定鞋舌和捆绑脚部的重要部件，在设计上变化多样，本章详细介绍了两种鞋带的设计表现方法，制作方法类似，要熟练掌握"新建调整图层"的使用方法。

本章练习

根据本章提供的"圆形鞋带原图素材"和"扁平鞋带原图素材"，参考本章给出的具体步骤，熟练完成这两种不同鞋带立体效果的表现方法。

第 19 章　图层错位

课时分配：
共 4 课时，理论 2 课时，实践 2 课时。
学习目标：
通过本章鞋带图层错位的系统学习，熟悉绘制步骤，达到熟练、灵活应用的目的。
技能要求：
学生能够准确分析图层错位的不同情况，熟悉图层错位的操作原理和逻辑，灵活应用图层错位的知识，熟练解决鞋类效果图中图层错位效果的表现方法。

图层错位处理方法

（1）打开"图层错位原图"素材，选择"图层 6"（鞋带图层），多边形套索工具建立选区（图 19-1）。

（2）执行 Ctrl+J 复制选区内容，图层列表中自动生成"图层 7"（图 19-2）。

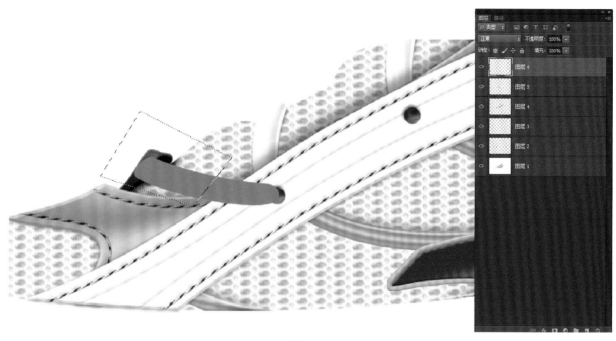

图 19-1

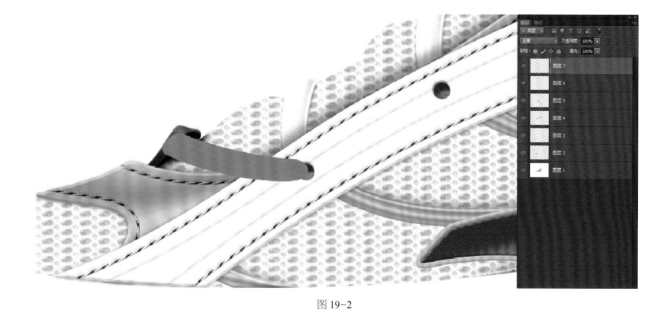

图 19-2

（3）选择"图层 6"，多边形套索工具建立选区（图 19-3）；Delete 键删除，鞋带被分成两段，两段必须有重叠的部分。

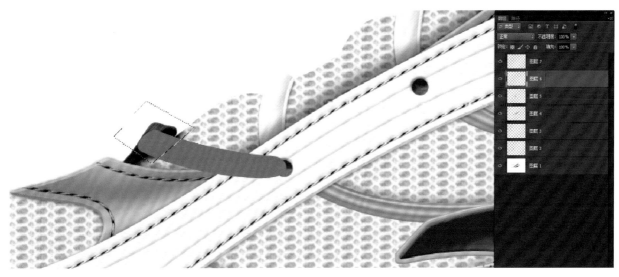

图 19-3

（4）Ctrl+【，将"图层 7"移动到"图层 3"（织带图层）之下（图 19-4）。

（5）将"图层 7"载入选区，Ctrl+Shift+ 单击"图层 6"缩略图，建立"图层 6"和"图层 7"合并的选区（图 19-5、图 19-6）。

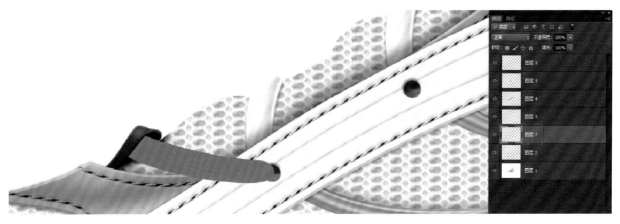

图 19-4

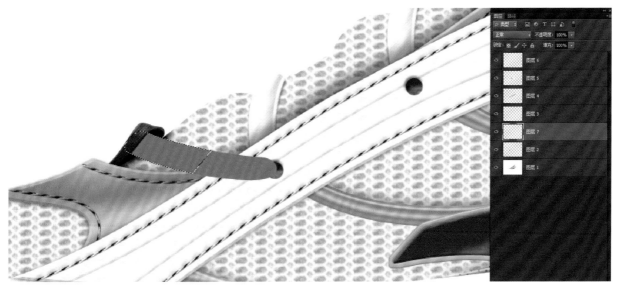

图 19-5

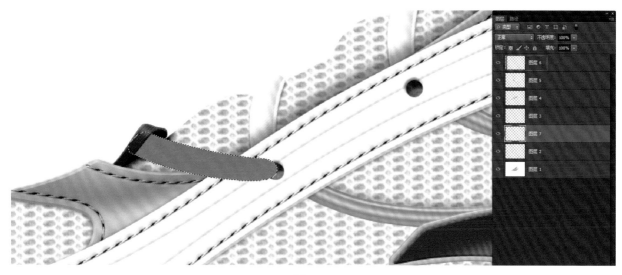

图 19-6

（6）选择"图层 6"，执行 Alt+L+J+C 新建调整图层，执行 Ctrl+Alt+G 创建剪贴蒙版（图 19-7）。

（7）制作该图层的"鞋面和浮雕"和"纹理"效果（图 19-8、图 19-9）。

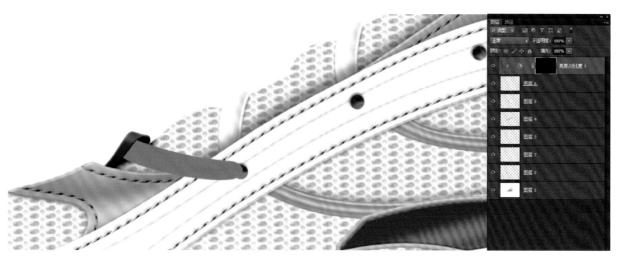

图 19-7

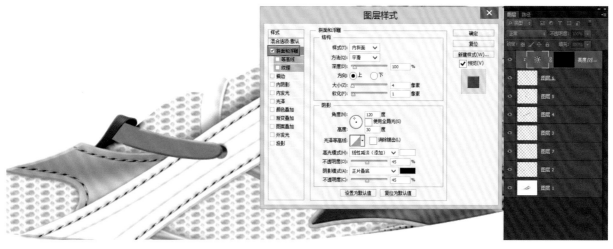

图 19-8

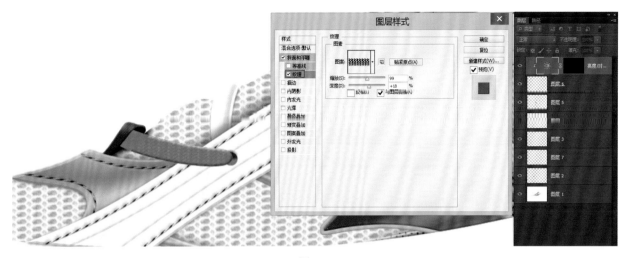

图 19-9

（8）拷贝该图层的图层样式（图 19-10）。

（9）粘贴图层样式在"图层 7"上（图 19-11）。

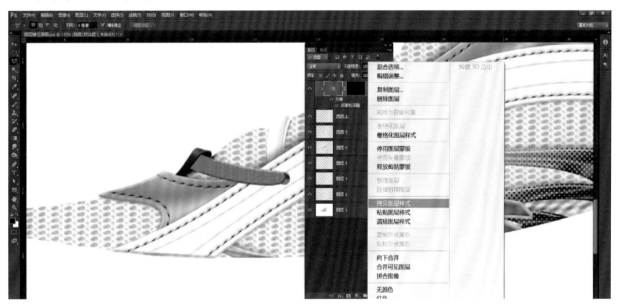

图 19-10

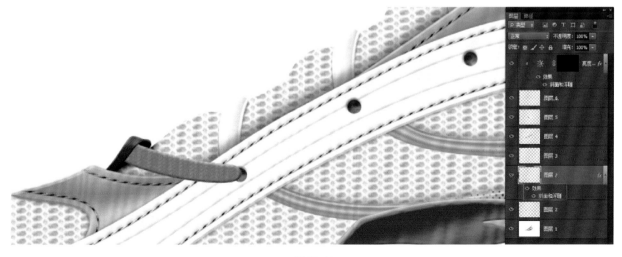

图 19-11

（10）将"亮度对比度"图层内容载入选区（图 19-12）。

（11）执行 Alt+S+M+C，选区收缩量为 4 像素（图 19-13、图 19-14）。

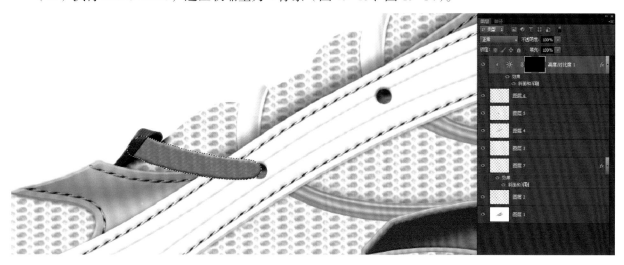

图 19-12

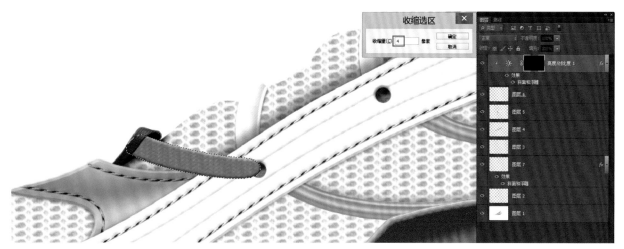

图 19-13

图 19-14

（12）钢笔工具绘制路径（图19-15）；Ctrl+Shift+回车键，实现路径和选区合并；Shift+F6，选区羽化1像素（图19-16）。

（13）执行：Alt+L+J+C新建调整图层，Ctrl+Alt+G创建剪贴蒙版（图19-17）。

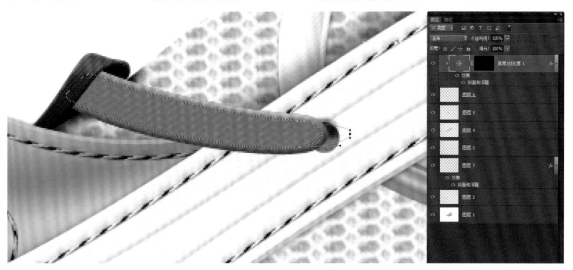

图19-15

图19-16

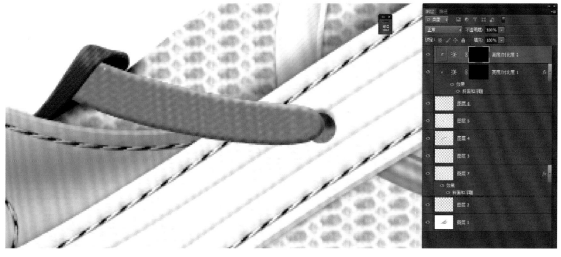

图19-17

（14）执行：Alt+L+Y+B，弹出图层样式窗口，调整参数设置（图 19-18）。

（15）同样的方法制作"图层 7"的图层样式效果（图 19-19）。

（16）钢笔工具绘制路径（图 19-20）；Ctrl+ 回车键将路径载入选区（图 19-21）。

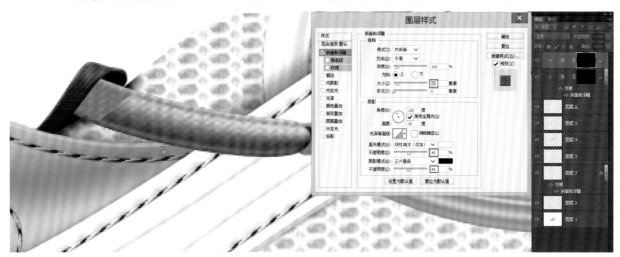

图 19-18

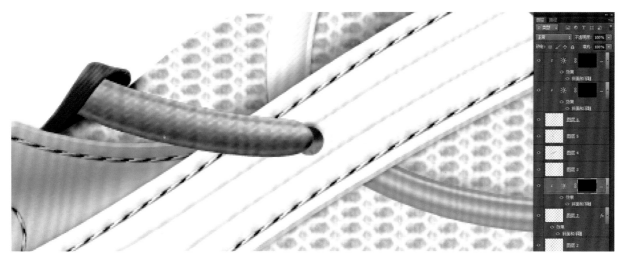

图 19-19

图 19-20

图 19-21

（17）在"图层 7"之上新建图层，Shift+F6，选区羽化 3 像素（图 19-22）。

（18）填充黑色，Ctrl+D 取消选区，制作织带在鞋带上的投影效果（图 19-23）。

图 19-22

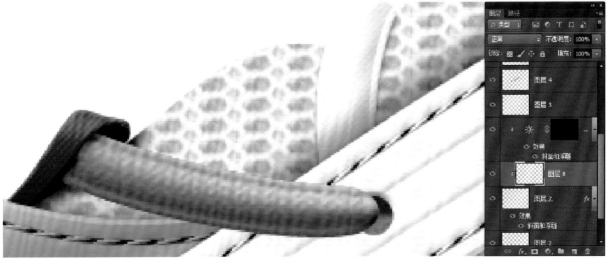

图 19-23

本章小结

"图层错位"是指鞋子的某一个结构（本章以鞋带为例），与其他结构在图层关系上的矛盾错位关系，需要通过新建调整图层和创建剪贴蒙版等方法解决效果的制作问题。图层错位情况在结构复杂的鞋子设计中经常出现，学习难度较大，需要学生熟悉新建调整图层和图层样式的操作，需要多次练习，加深对结构和图层关系的理解。

本章练习

根据本章提供的"图层错位原图素材"，参考本章给出的具体步骤，熟练完成案例中鞋带图层错位的最终效果绘制。

第 20 章　整体光影和背景渲染

课时分配：

共 6 课时，理论 2 课时，实践 4 课时。

学习目标：

通过学习本章篮球鞋暗部、亮部、高光、反光、背景的绘制技巧，能够表现整体渲染效果，熟记绘制步骤，达到灵活应用的目的。

技能要求：

学生能够分析不同造型的光影关系，熟练掌握光影、背景效果的渲染方法，重点是通过羽化操作，表现协调、统一、富有细节的渲染效果，举一反三、触类旁通。

篮球鞋整体光影效果渲染

（1）打开本章节素材文件"光影和背景渲染原图"（图 20-1）。

图 20-1

（2）根据对象形体结构，绘制鞋帮面暗部区域的路径（图20-2）；Ctrl+回车键，将路径载入选区，Shift+F6，选区羽化120像素（图20-3）。

（3）在"帮面组"之上新建图层，前景色设置为黑色，Alt+Delete将选区填充为黑色（图20-4）。

图20-2

图20-3

图20-4

（4）Ctrl+D取消选区，Ctrl+Alt+G创建剪贴蒙版，图层不透明度设置为70%，帮面的暗部绘制完成（图20-5）。

（5）钢笔工具绘制工作路径（图20-6）；Ctrl+回车键，载入选区（图20-7）。

（6）在"图层30"之上新建图层，创建剪贴蒙版，选择画笔工具，设置画笔参数（图20-8）。

图 20-5

图 20-6

图 20-7

图 20-8

（7）前景色设置为白色，在选区内单击绘制高光区域，注意高光要整体连贯和虚实变化（图 20-9）。

（8）Ctrl+D 取消选区，图层面板的混合模式设置为"柔光"，使高光的效果自然协调（图 20-10）。

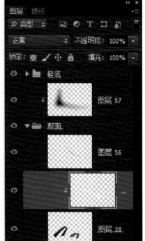

图 20-9

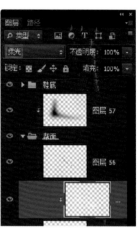

图 20-10

（9）同样方法，绘制反光区域的路径；Ctrl+ 回车键，将路径载入选区（图 20-11、图 20-12）。

图 20-11

图 20-12

（10）Shift+F6 将选区羽化 40 像素（图 20-13）；新建图层，创建剪贴蒙版，将前景色设置为浅湖蓝色，Alt+Delete 将选区填充浅湖蓝色（图 20-14）。

图 20-13

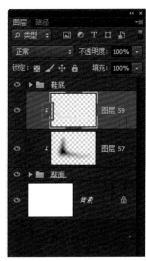

图 20-14

（11）Ctrl+D 取消选区，图层混合模式为"柔光"，不透明度设置为 80%，帮面的反光绘制完成（图 20–15）。

（12）同样方法，绘制鞋底的暗部区域路径，在"鞋底组"之上建立图层（图 20–16）。

（13）Ctrl+ 回车键，将路径载入选区，Shift+F6 将选区羽化 18 像素（图 20–17）。

图 20–15

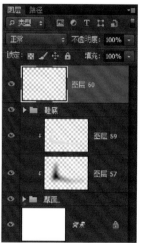

图 20–16

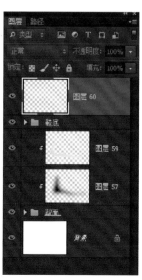

图 20–17

（14）Ctrl+Alt+G 创建剪贴蒙版，将选区填充黑色（图 20-18）。

（15）Ctrl+D 取消选区，不透明度设置为 30%，鞋底的暗部绘制完成（图 20-19）。

图 20-18

图 20-19

（16）在背景图层之上新建图层，绘制椭圆选区，羽化半径为 20 像素（图 20-20）；填充黑色，Ctrl+D 取消选区（图 20-21）。

图 20-20

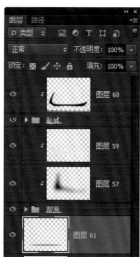

图 20-21

（17）Ctrl+T 自由变换，调整投影区域的大小和位置（图 20-22、图 20-23）。

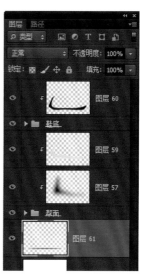

图 20-22

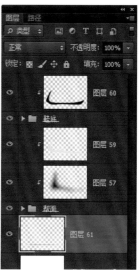

图 20-23

（18）在背景图层之上新建图层，选渐变工具，按住 Shift 键，保持垂直方向拉出铜色渐变；Ctrl+Shift+U 去色（图 20-24、图 20-25）。

图 20-24

图 20-25

（19）选择鞋底和帮面的所有图层，然后右键复制图层（图 20-26）；Ctrl+E 合并图层（图 20-27）。

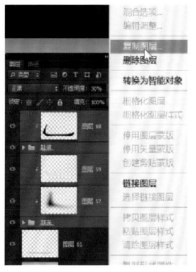

图 20-26

图 20-27

（20）Ctrl+T 自由变换，改变对象的形态和位置，然后回车键确定，绘制对象的倒影效果（图 20-28）。

图 20-28

（21）Ctrl+【，图层下移到投影图层之下，矩形选框工具绘制选区，羽化半径为 200 像素（图 20-29）。

图 20-29

（22）Delete 键，多按几次可以重复删除，绘制倒影的虚实变化效果（图 20-30）。

（23）Ctrl+D 取消选区，图层不透明度设置为 60%（图 20-31）。

（24）绘制亮部区域的路径（图 20-32）；Ctrl+ 回车键，将路径载入选区，羽化半径为 60 像素（图 20-33）。

图 20-30

图 20-31

图 20-32

图 20-33

（25）执行：Alt+L+J+C，新建调整图层（图20-34）；选择亮度/对比度，亮度设置为120，最终效果绘制完成（图20-35）。

（26）执行：Ctrl+Alt+G，将新建调整图层创建剪贴蒙版（图20-36）。

图20-34

图20-35

图20-36

（27）制作后跟部分的渲染效果，制作方法是将对象复制，然后运用滤镜中的高斯模糊和风格化来绘制，然后调低图层的不透明度设置（图20-37），具体设置方法进行尝试练习，这里不做赘述最终效果（图20-38）。

图 20-37

图 20-38

本章小结

"整体光影"和"背景渲染"用于强化或者夸张鞋子的立体感和光影效果，在表现鞋子立体效果以及鞋类设计大赛效果图时经常使用，其中，背景的渲染是为了烘托气氛，增强画面强烈的视觉冲击力，在生产设计效果图绘制中比较少用，同学们可以根据绘图需要选择合适的渲染技巧。

"整体光影"和"背景渲染"一般在最后的绘制步骤完成，难度比较大，需要同学们理解光源和光影关系，具备一定的美术基础，对鞋子的形体结构有充分认识，初学者需要多次练习才能有所提高。

本章练习

根据本章提供的"光影和背景渲染原图素材"，参考本章给出的具体步骤，熟练完成案例中篮球鞋光影和背景效果的渲染。

第 21 章　气垫、飞织、贾卡

课时分配：

共 12 课时，理论 6 课时，实践 6 课时。

学习目标：

通过本章气垫、飞织、贾卡网布绘制过程的学习，熟记操作步骤，达到灵活应用的目的。

技能要求：

学生能够根据不同鞋款的气垫、飞织和贾卡的造型特点，熟练掌握绘制气垫、飞织、贾卡的技巧，在实际效果的表现上举一反三、熟练应用。

第 1 节　气垫制作

（1）打开素材，打开路径面板，选择工作路径（图 21-1）。

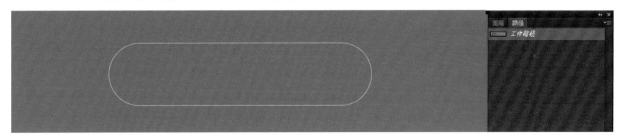

图 21-1

（2）Ctrl+ 回车键，将路径载入选区（图 21-2）。

（3）新建"图层 2"，填充为灰色（图 21-3）。

图 21-2

图 21-3

（4）选择多边形套索工具，工具属性栏中选择"减去顶层"，建立选区（图 21-4、图 21-5）。

（5）Shift+F6，羽化 5 像素（图 21-6）。

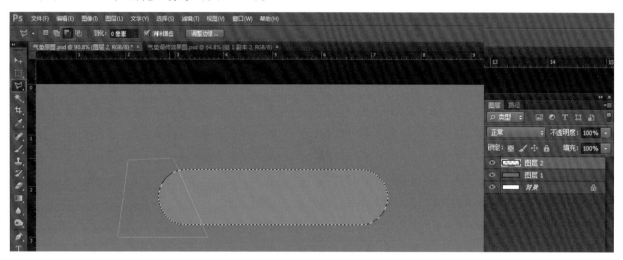

图 21-4

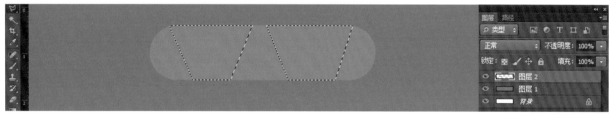

图 21-5

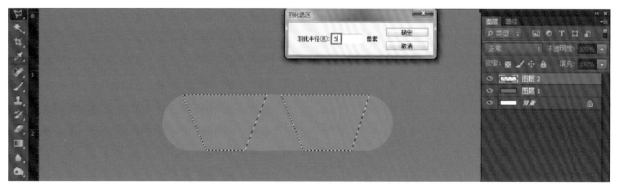

图 21-6

（6）选择加深工具，工具属性栏中设置范围为"高光"，曝光度为50%，绘制柱状效果（图21-7）。

（7）Ctrl+D取消选区，继续使用加深工具，将对象上部分加深处理（图21-8）。

（8）钢笔工具绘制路径，Ctrl+回车键，载入选区（图21-9、图21-10）。

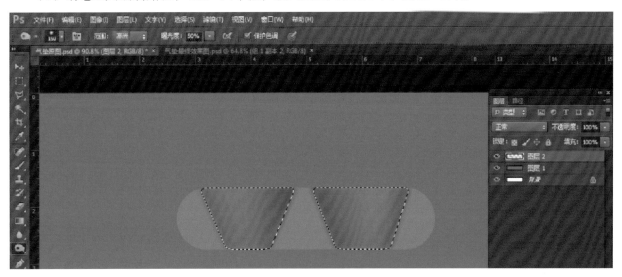

图21-7

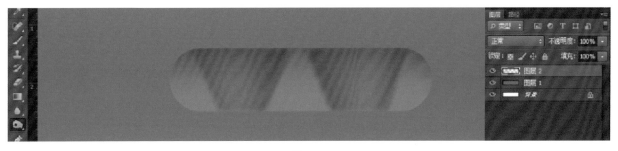

图21-8

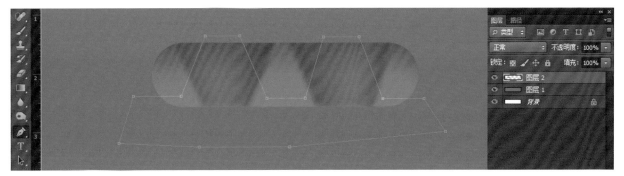

图21-9

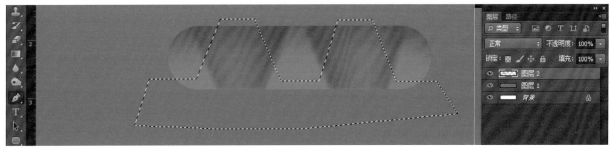

图21-10

（9）新建图层，Ctrl+Alt+G 创建剪贴蒙版，填充浅灰色（图 21-11）。

（10）Ctrl+D 取消选区，制作图层样式效果，调整参数设置（图 21-12）。

（11）矩形选框工具绘制矩形选区，Shift+F6，羽化 60 像素（图 21-13）。

（12）Ctrl+U，调出"色相/饱和度"面板，明度设置为 -60（图 21-14）。

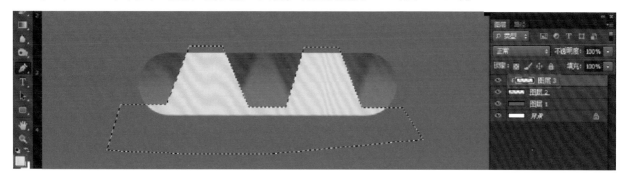

图 21-11

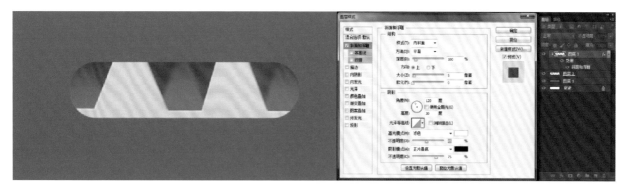

图 21-12

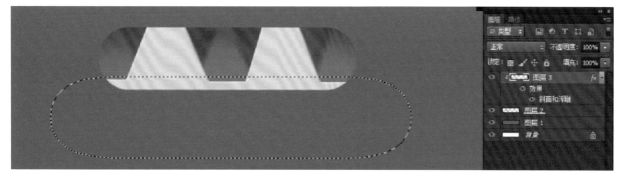

图 21-13

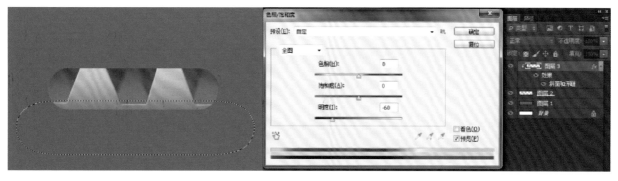

图 21-14

（13）Ctrl+D 取消选区，将"图层 2"载入选区（图 21–15）。

（14）执行：Alt+L+J+C，新建调整图层；Ctrl+Alt+G，创建剪贴蒙版（图 21–16）。

（15）制作图层样式效果，调整参数设置（图 21–17、图 21–18）。

图 21–15

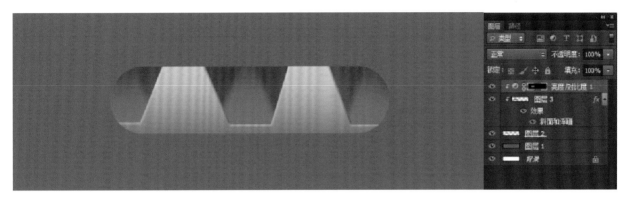

图 21–16

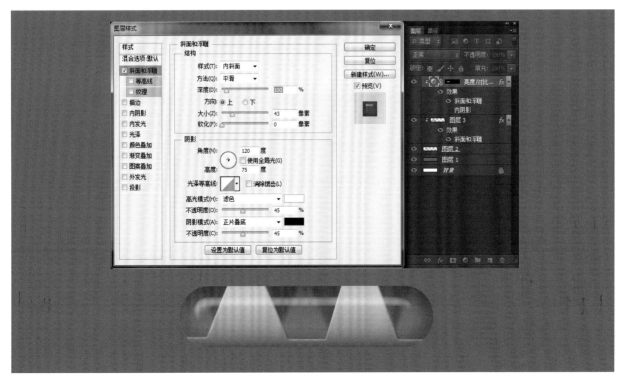

图 21–17

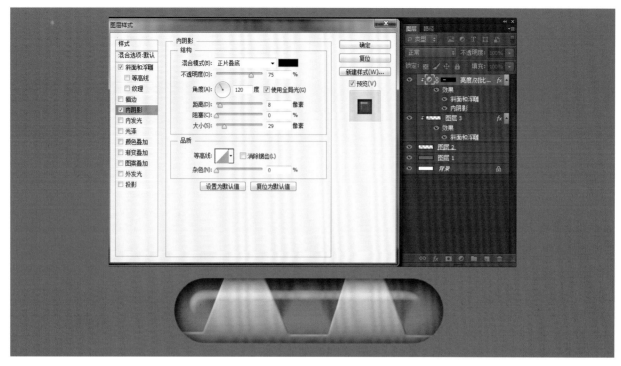

图 21-18

（16）将"图层 2"载入选区，用键盘方向键，向右下方向移动到如图位置，Shift+F6，羽化半径为 2 像素（图 21-19）。

（17）在"图层 2"之下新建"图层 4"，填充白色，图层面板中不透明度设置为 30%（图 21-20）。

图 21-19

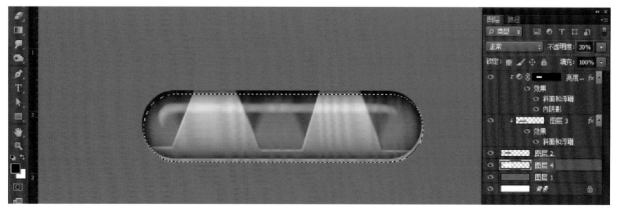

图 21-20

（18）在"图层 2"之下新建"图层 5"，移动选区至如图位置，Alt+Delete 填充黑色，不透明度设置为 30%（图 21-21）。

（19）Ctrl+D 取消选区，将图层面板中的各图层编为"组 1"（图 21-22）。

（20）Ctrl+J 将"组 1"复制，Ctrl+T 移动到如图位置（图 21-23）。

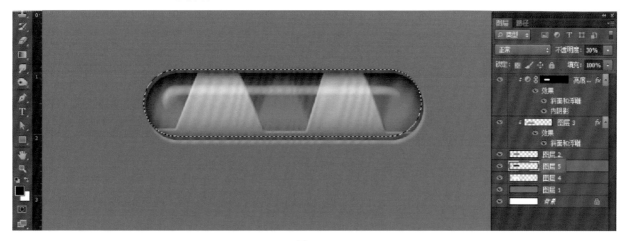

图 21-21

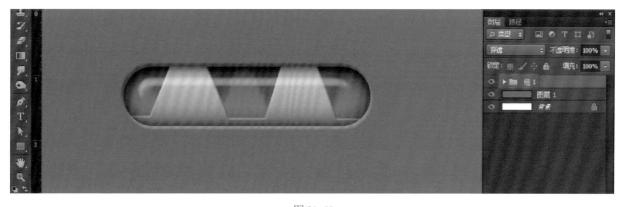

图 21-22

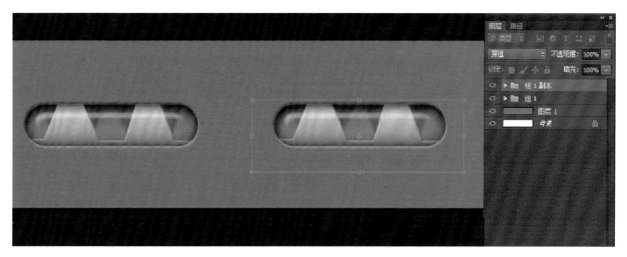

图 21-23

（21）同样的方法绘制多个气垫，最后连选多个组，选择移动工具，在工具属性栏中设置为"水平居中分布"，气垫绘制完成（图 21-24）。

图 21-24

第 2 节　飞织制作

（1）选择矩形工具，在工具栏中选择"形状"，填充色为深蓝色，描边大小为0.5，绘制矩形形状对象（图 21-25）。

（2）用钢笔工具，将矩形对象调整为圆角的平行四边形（图 21-26）。

图 21-25

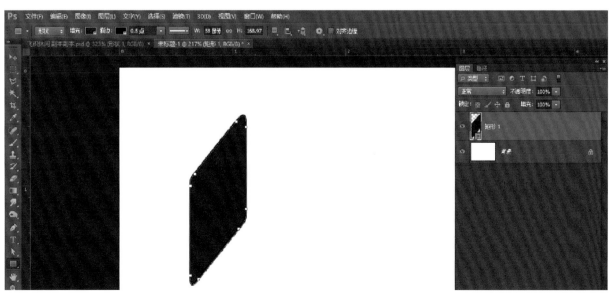

图 21-26

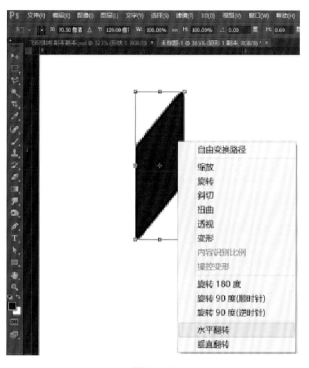

图 21-27

（3）Ctrl+J 制作图层副本，Ctrl+T 水平翻转，水平移动到合适位置（图 21-27、图 21-28）。

（4）框选副本路径形状，粘贴在"矩形 1"图层中（图 21-29）。

（5）框选"矩形 1"形状图层，执行 Ctrl+C 复制，Ctrl+V 原地复制对象，Ctrl+T 自由变换（图 21-30）。

（6）按住 Shift 键，保持竖直方向移动到合适位置（图 21-31）。

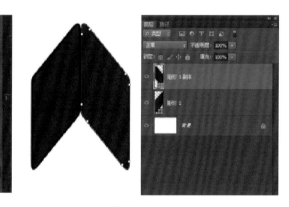

图 21-28

图 21-29

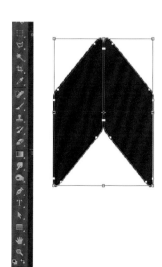

图 21-30

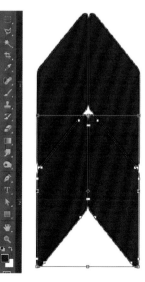

图 21-31

（7）回车键，执行 Ctrl+Shift+Alt+T 再次变换，多次执行再次变换（图 21-32）。

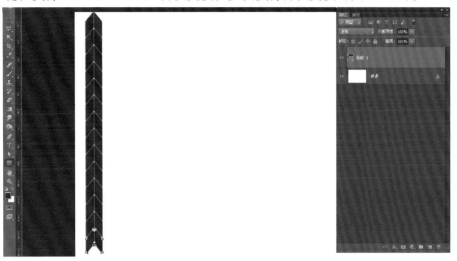

图 21-32

（8）框选整列路径，执行 Ctrl+C 复制，Ctrl+V 原地复制对象，Ctrl+T 自由变换，保持水平方向移动到合适位置（图 21-33、图 21-34）。

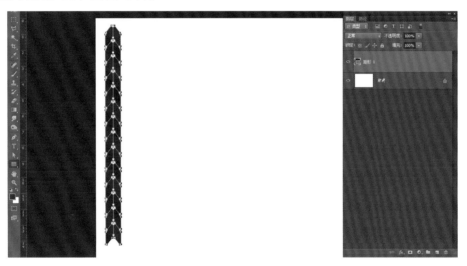

图 21-33

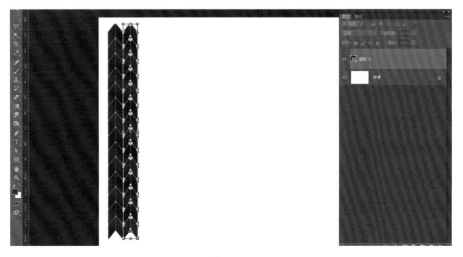

图 21-34

（9）回车键，执行 Ctrl+Shift+Alt+T 再次变换，多次执行再次变换，绘制整体图案（图 21-35）。

（10）Ctrl+Shift+ 单击部分形状对象，根据需要选择形状对象（图 21-36）。

（11）执行 Ctrl+X 剪切，Ctrl+V 粘贴在工作路径（图 21-37）。

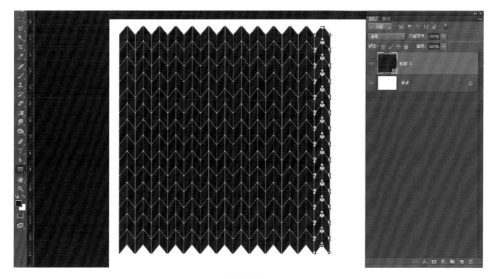

图 21-35

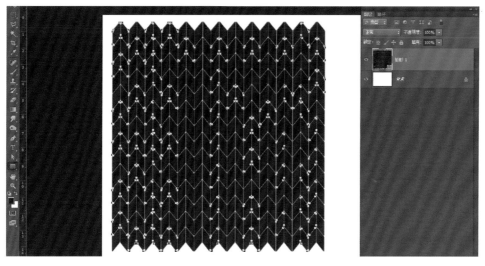

图 21-36

图 21-37

185

（12）在工具栏属性栏中选择"路径"，单击"形状"，将"工作路径"转化为"形状"（图21-38）。

（13）【F5】打开图层面板，选择"矩形2"图层，工具栏属性栏选择"形状"，颜色设置为钻蓝色（图21-39）。

（14）采用同样的方法排列对象，图案绘制完成（图21-40）。

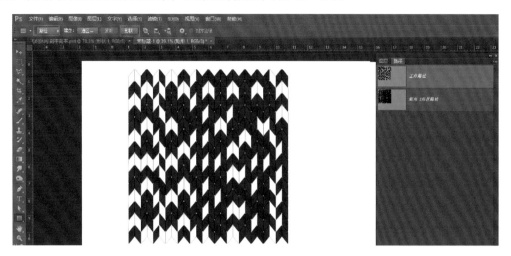

图21-38

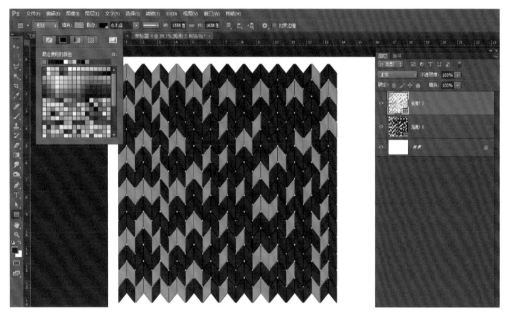

图21-39

图21-40

第 3 节　贾卡网布制作

贾卡网布在目前运动鞋鞋面中开始流行，具体制作方法参考本教材第 25 章步骤（13）。

本章小结

气垫具有缓冲作用，一般设计在篮球鞋、跑鞋的后掌或前掌位置，外观形式多样。在效果图表现的时候一般需要用多个图层叠加来表现它的内部结构和层次关系，通过光线的调整来塑造气垫表面光滑的塑料质感。气垫用特殊反弹力材质制成，可以有效吸收部分反作用力，减轻足部负担，使穿着更加轻松舒适。气囊胶的作用是保存气垫内的空气以提供弹力，降低运动时的震荡。

飞织在目前运动鞋领域中非常流行。飞织鞋面一片成型，节省不少工序，相对成本降低，花样颜色多变，造型美观，深受用户喜爱。本案例是采用矢量形状工具绘制飞织的不规则排列效果，灵活度较高，用户可以根据自己的设计来排列。

本章练习

根据本章提供的"气垫原图素材"，参考本章给出的具体步骤，完成本章案例中气垫效果图的绘制，熟悉飞织图案、贾卡网布的表现效果。

第 22 章　常用装饰图案

课时分配：

共 10 课时，理论 5 课时，实践 5 课时。

学习目标：

通过本章常用不同类型装饰图案绘制方法的系统学习，熟记绘制步骤，找到相同点和差异，达到灵活应用的目的。

技能要求：

学生能够分析鞋面中的图案，熟练掌握多边形图案、网布图案、网点图案、菱形图案、中心对称图案等常用图案的绘制技巧，总结绘制规律，举一反三。

第 1 节　六边形图案制作方法

（1）选择多边形形状工具，工具属性栏中边设置为 6，Shift+ 左键，绘制竖直方向的六边形路径（图 22-1）。

（2）Ctrl+C 复制，Ctrl+V 原地粘贴对象（图 22-2）；Ctrl+T，按住 Shift 键保持水平拖动至合适位置，回车键确定（图 22-3 ）。

（3）执行：Ctrl+Alt+Shift+T 再次变换，绘制整排对象路径（图 22-4 ）。

（4）Ctrl+ 左键，框选整排对象，Ctrl+C 复制，Ctrl+V 原地粘贴对象（图 22-5 ）；Ctrl+T 拖动到合适位置，回车键确定（图 22-6 ）。

（5）Ctrl+ 左键，框选两排对象，Ctrl+C 复制，Ctrl+V 原地粘贴对象（图 22-7 ）；Ctrl+T，按住 Shift 保持竖直方向移动到合适位置，回车键确定（图 22-8、图 22-9 ）。

（6）重复执行：Ctrl+Alt+Shift+T 再次变换，排列图案（图 22-10 ）。

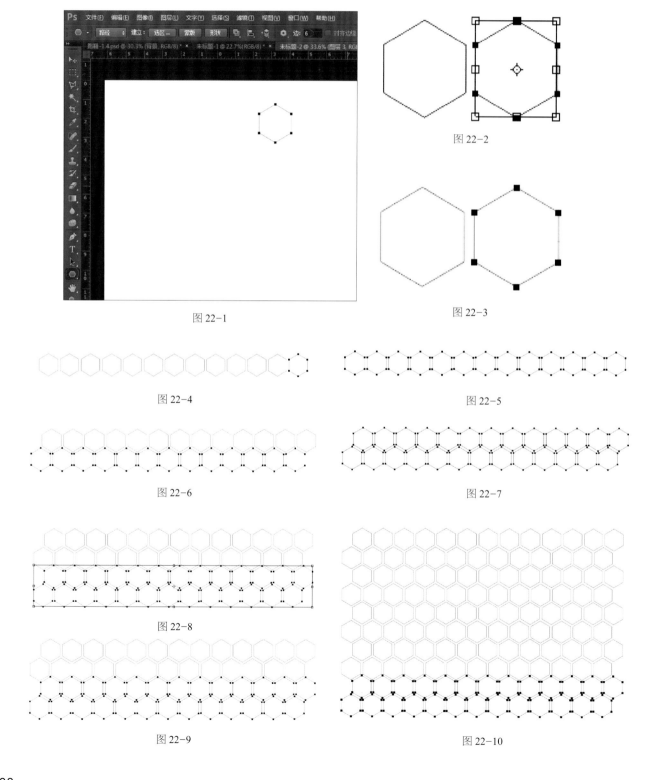

图 22-1

图 22-2

图 22-3

图 22-4

图 22-5

图 22-6

图 22-7

图 22-8

图 22-9

图 22-10

（7）打开路径面板，双击工作路径，保存为"路径1"（图22-11）。

（8）新建"图层1"，选择画笔工具，大小为6，硬度100%，不透明度100%，流量100%，前景色设置为蓝色（图22-12）。

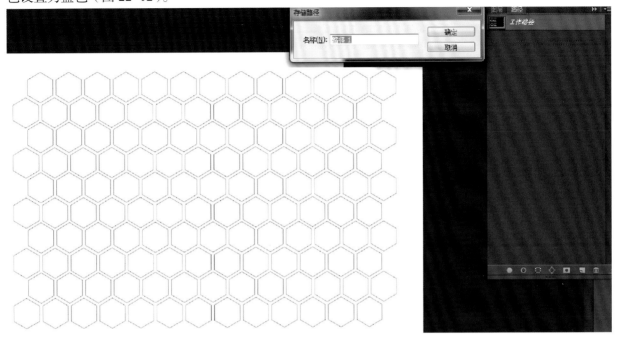

图22-11

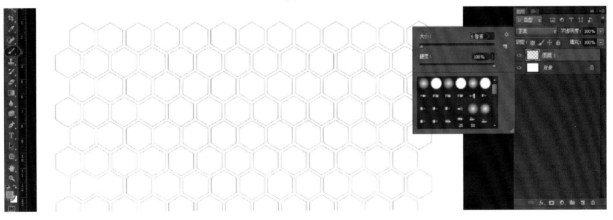

图22-12

（9）打开路径面板，选择"路径1"，回车键描边，隐藏路径，图案绘制完成（图22-13）。

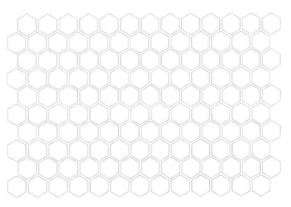

图22-13

第 2 节　常见网布制作方法

（1）打开本节原图素材，打开路径面板，选择工作路径（图 22-14）。

（2）新建"图层 1"，前景色设置为蓝色，Alt+Delete 填充蓝色（图 22-15）。

（3）Ctrl+ 回车键，将路径转化为选区，Delete 键删除选区内容（图 22-16）；Ctrl+D 取消选区（图 22-17）。

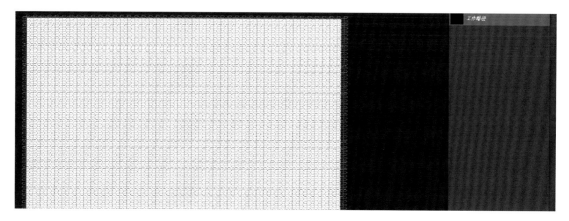

图 22-14

图 22-15

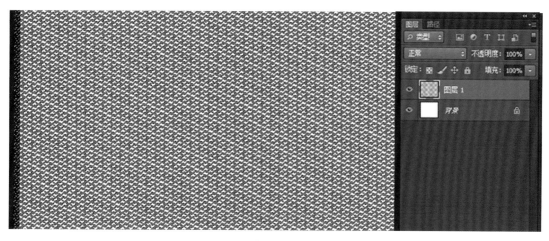

图 22-16

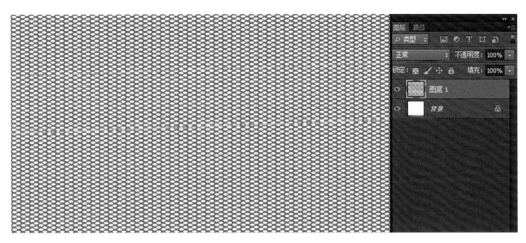

图 22-17

（4）制作网布的图层样式。

①选择"斜面和浮雕"，制作网布厚度感，调整参数设置（图 22-18）。

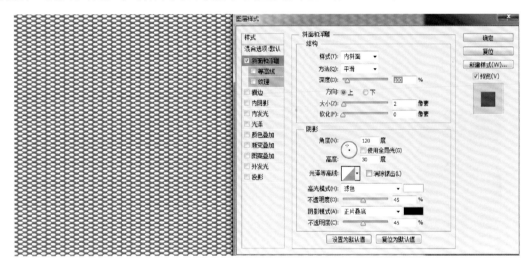

图 22-18

②选择"纹理"，制作网布材质感，调整参数设置（图 22-19）。

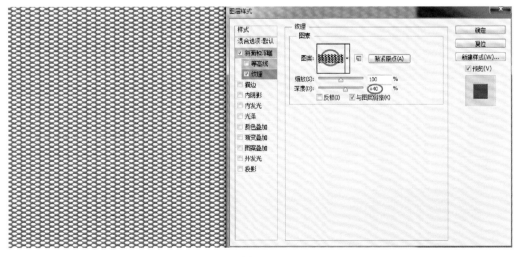

图 22-19

③选择"投影",制作网布投影效果,调整参数设置(图22-20)。

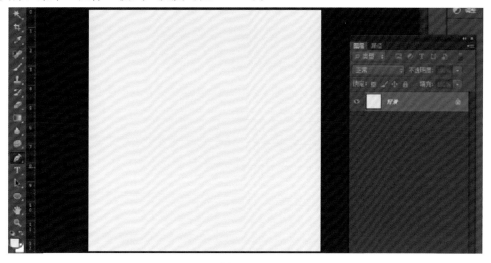

图 22-20

第3节　网点图案的制作方法

(1)打开本节原图素材文件,前景色设置为浅蓝色,Alt+Delete 键,将背景图层填充浅蓝色(图22-21)。

(2)执行:菜单—图像—模式—灰度(图22-22)。

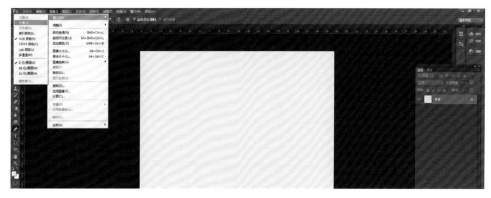

图 22-21

图 22-22

（3）执行：图像—模式—位图（图22-23）；在弹出的窗口中设置参数（图22-24、图22-25）；执行后完成效果（图22-26）。

（4）执行：图像—模式—灰度，在弹出的窗口设置大小比例为1（图22-27、图22-28）。

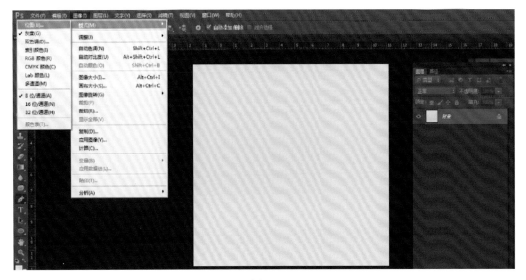

图 22-23

图 22-24

图 22-25

图 22-26

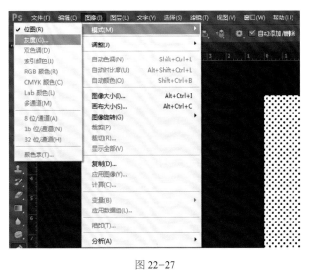

图 22-27

图 22-28

（5）执行：图像—模式—RGB 颜色模式（图 22-29）。

（6）选择魔棒工具，建立其中一个黑点的选区（图 22-30）。

（7）选择—选取相似（图 22-31）；执行后所有黑点都建立了选区（图 22-32）。

（8）新建图层，设置前景色，Alt+Delete 键，填充所需颜色（图 22-33）。

（9）Ctrl+D 取消选区，将背景填充为白色，最终完成实心圆点效果（图 22-34）。注意：如果在第一步填充的颜色是深色，那么同样的步骤操作，最后做完的效果就是镂空圆点效果。

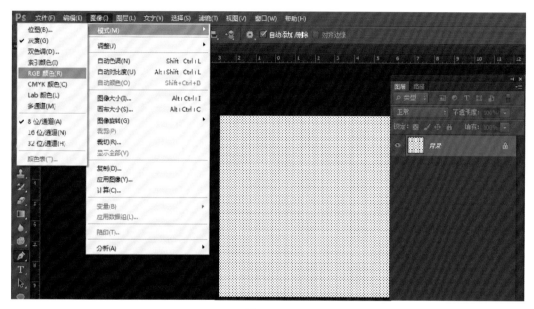

图 22-29

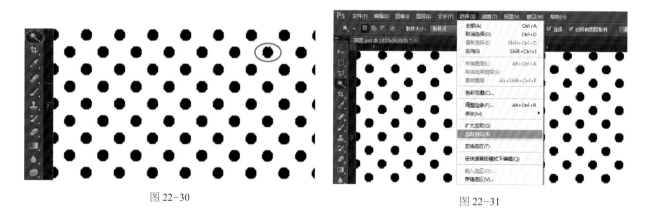

图 22-30

图 22-31

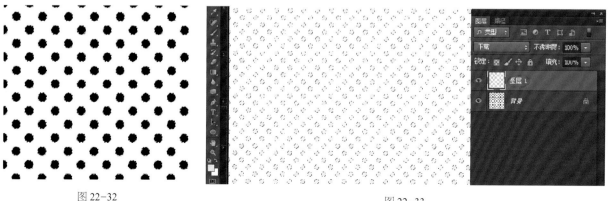

图 22-32

图 22-33

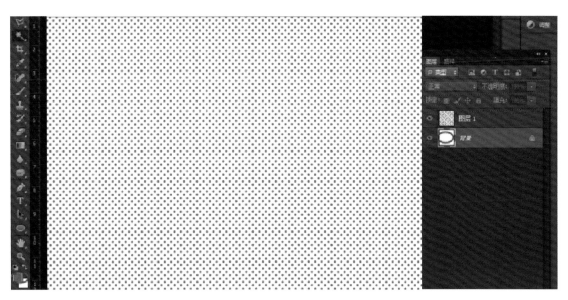

图 22-34

第4节　菱形凹凸效果制作方法

（1）打开本节原图素材文件，打开路径面板，选择工作路径（图 22-35）。

（2）选择画笔工具，画笔大小设置为 1，前景色设置为浅灰色（图 22-36）。

图 22-35

图 22-36

（3）新建"图层 1"，回车键描边路径，Ctrl+H 隐藏路径，完成网格线效果（图 22-37）。

（4）执行：Alt+L+Y+B 调出图层样式，调整参数设置（图 22-38）。

（5）矩形选框工具绘制选区（图 22-39）；Ctrl+Shift+I 反选，Delete 键删除多余的部分（图 22-40）；该图案在硫化鞋的鞋底上面常出现（图 22-41）。

图 22-37

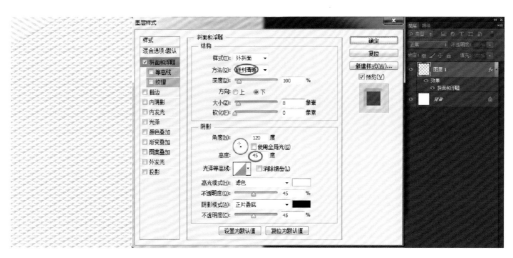

图 22-38

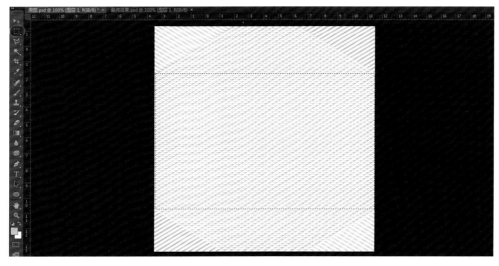

图 22-39

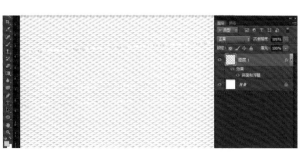

图 22-40

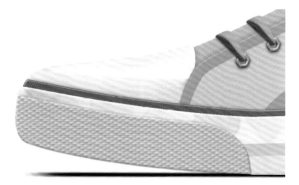

图 22-41

第 5 节　中心对称图案制作方法

（1）Ctrl+N，新建 A4 大小的图像文件，选择椭圆工具绘制椭圆路径（图 22-42）。

（2）执行 Ctrl+C 复制，Ctrl+V 原地粘贴，Ctrl+T 自由变换（图 22-43）。

（3）将旋转中心移动到合适位置，工具属性栏中设置 15°（图 22-44）。

（4）回车键确定，执行 Ctrl+Shift+Alt+T 再次变换（图 22-45、图 22-46）。

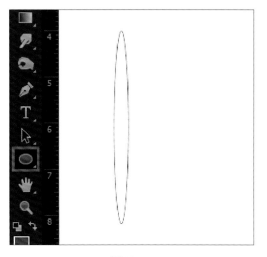

图 22-42

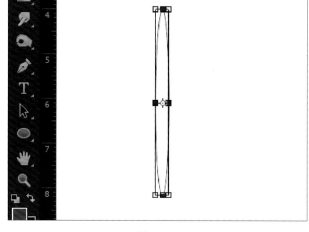

图 22-43

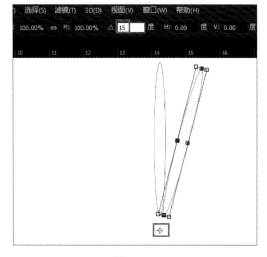

图 22-44

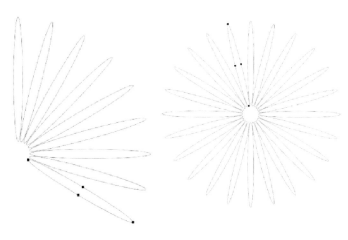

图 22-45

图 22-46

（5）Ctrl+ 回车键，将路径载入选区，新建"图层 1"（图 22-47）；填充红色，Ctrl+D 取消选区，完成效果（图 22-48）。

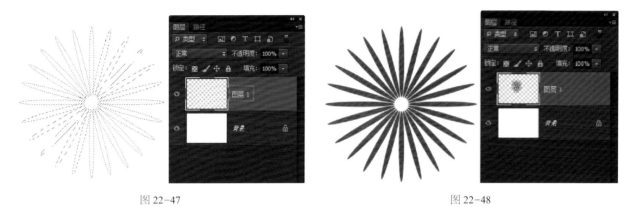

图 22-47   图 22-48

本章小结

图案设计表现多样，是装饰效果图必不可少的部分，本章主要详细介绍了 5 种图案的制作方法，它们属于规则变化的连续图案，同学们可以用这种方法绘制二方连续图案和四方连续图案。对鞋类设计师来讲，装饰图案的制作也是需要掌握的基本技巧，根据设计的需要在鞋子的适当位置进行图案装饰，丰富款式的细节。

本章练习

根据本章提供的"相关原图素材"，参考案例中给出的具体步骤，熟练完成本章案例中多边形图案、网布图案、网点图案、菱形图案、中心对称图案的最终效果绘制。

第 23 章　素材应用

课时分配：

共 14 课时，理论 7 课时，实践 7 课时。

学习目标：

通过本章素材应用的整体学习，熟记操作步骤，丰富 PS 软件中的素材库，从而缩短绘图时间、提高绘图效率。

技能要求：

学生熟练掌握画笔素材、形状素材、图案素材、样式素材和颜色素材应用的操作技巧，掌握真实材料换色的方法和原鞋换色的方法，总结规律，触类旁通。

第1节 定义画笔、存储画笔、载入画笔

1. 定义画笔

（1）选择"自定义形状工具"，选择"路径"，选择"音乐符号"，在画面中绘制路径（图 23-1）。

（2）Ctrl+ 回车键，载入选区，新建"图层 1"，Alt+Delete 填充黑色（图 23-2）。

（3）编辑—定义画笔预设—确定（图 23-3、图 23-4）。

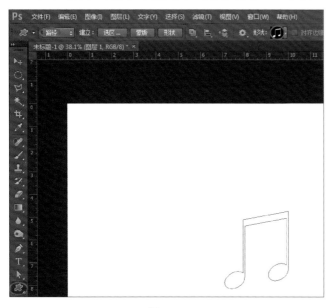

图 23-1

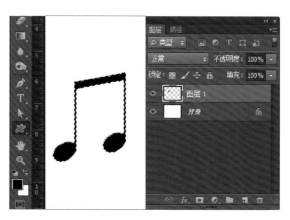

图 23-2

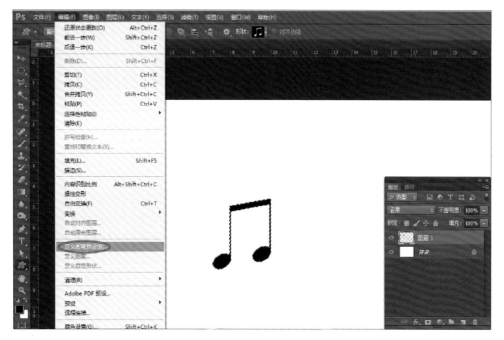

图 23-3

图 23-4

（4）选择画笔工具，【F5】调出画笔面板，选择画笔预设面板，选择刚定义的音乐符号（一般在预设面板中的最后一个）（图 23-5）。

（5）打开画笔面板，选择"画笔笔尖形状"，设置具体参数（图 23-6）；选择"形状动态"，设置具体参数（图 23-7）。

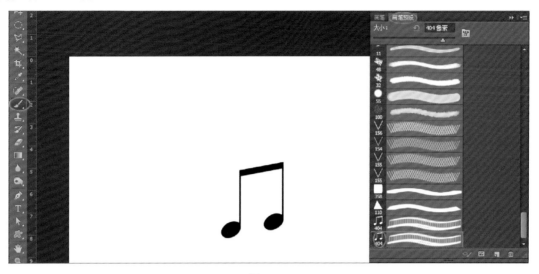

图 23-5

图 23-6

图 23-7

（6）选择画笔工具，设置前景色为红色，在画面中绘制图案（图 23-8）。

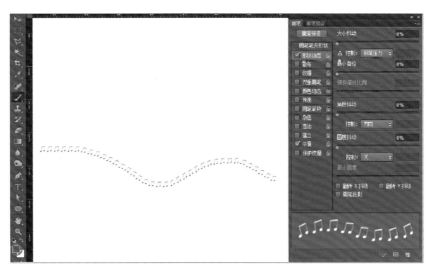

图 23-8

2. 存储画笔、载入画笔

（1）选择"画笔预设"面板，单击右上角的小三角，储存画笔（图 23-9）。

（2）选择"画笔预设"面板，单击右上角的小三角，载入画笔（图 23-10）。

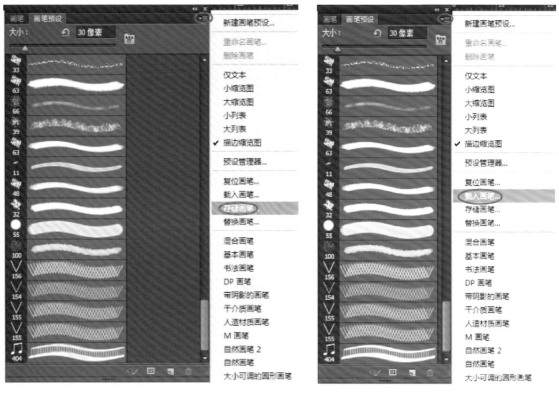

图 23-9　　　　　　　　　　　　　　　图 23-10

第 2 节　定义形状、存储形状、载入形状

1. 定义形状

（1）选择钢笔工具，绘制路径（图 23-11）。

（2）编辑—定义自定形状—确定（图 23-12、图 23-13）。

（3）选择自定义形状工具，在工具属性栏中选择定义的形状（一般刚定义进去的形状在栏中最后一个）（图 23-14）。

图 23-11

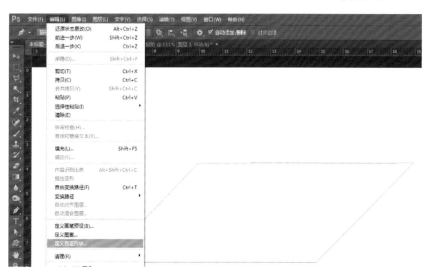

图 23-12

图 23-13

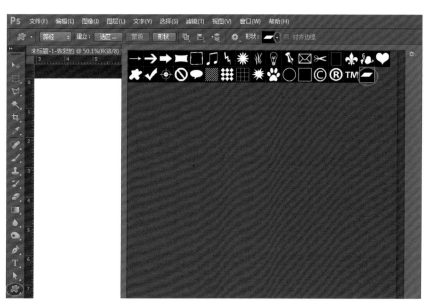

图 23-14

2. 存储形状、载入形状

右上角工具按钮，存储形状（图 23-15）；载入形状（图 23-16）。

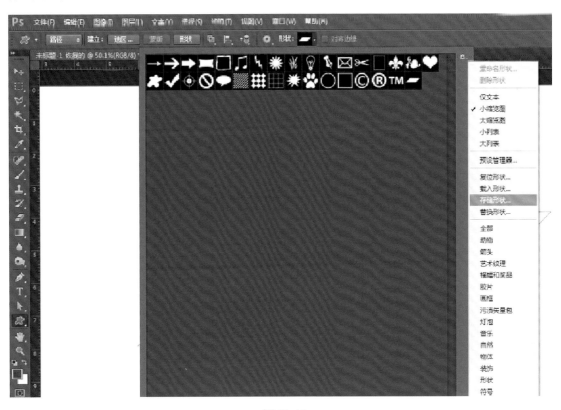

图 23-15

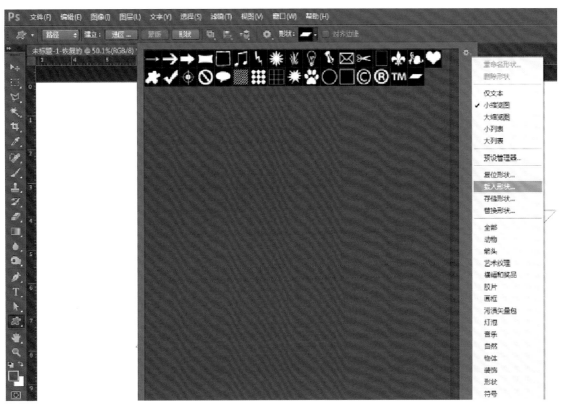

图 23-16

第3节 定义图案、存储图案、载入图案

1. 定义图案

（1）打开图案原图，选择"图层 1"（图 23-17）。

（2）Ctrl+A 全选，编辑—定义图案—确定，定义图案完成（图 23-18、图 23-19）。

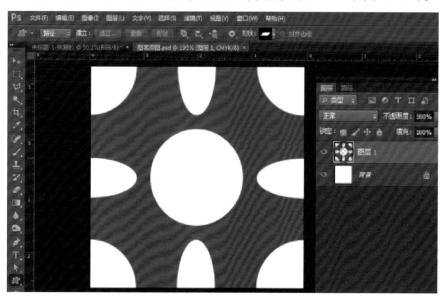

图 23-17

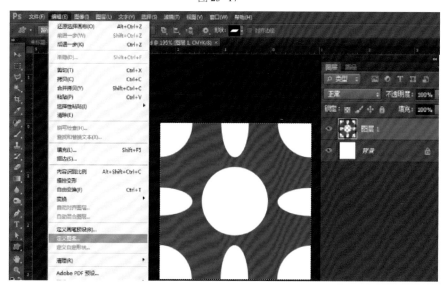

图 23-18

图 23-19

2. 存储图案、载入图案

（1）双击"图层 1"，弹出图层样式窗口，选择"图案叠加"（图 23-20）。

（2）选择图案右边的小三角（图 23-21）；在下拉列表中选择"存储图案"（图 23-22）。

（3）在下拉列表中选择"载入图案"（图 23-23）。

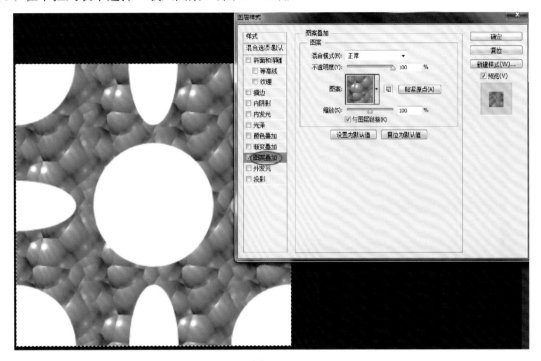

图 23-20

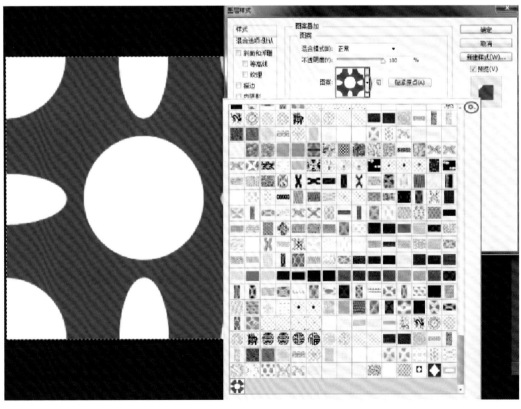

图 23-21

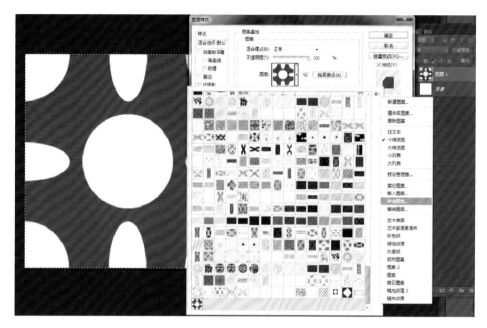

图 23-22

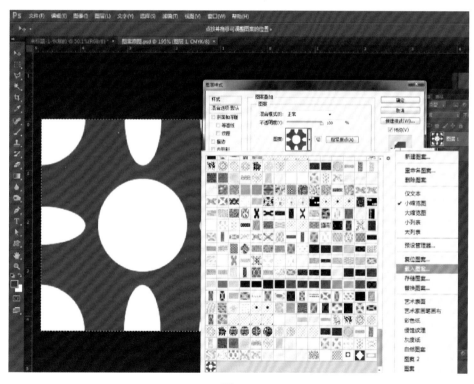

图 23-23

第 4 节　定义样式、存储样式、载入样式

1. 定义样式

（1）打开本节原图素材，选择"图层 2"（已完成图层样式效果的图层）（图 23-24）。

图 23-24

（2）菜单—窗口—样式，打开样式面板（图 23-25）。

（3）选择"图层 2"，光标放于样式面板中，出现"油漆桶"标志时单击（图 23-26）；样式名称自定，确定，将"图层 2"的图层样式定义在样式面板中（图 23-27）。

图 23-25

图 23-26

图 23-27

2. 存储样式、载入样式

点击样式面板中右上角的小三角，在下拉列表中选择"载入图层样式"和"存储图层样式"
（图 23-28）。

图 23-28

第5节 定义颜色、存储颜色、载入颜色

方法和第4节操作类似，是通过"色板"面板来定义、存储、载入颜色，这里不作赘述（图23-29）。

图23-29

第6节 真实材料换色

方法1：

（1）打开素材文件，显示"图层3"，Ctrl+Alt+G建立图层剪贴蒙版（图23-30）。

（2）设置前景色为黄色，选择"图层3"，执行Ctrl+Shift+U去色（图23-31）。

图23-30

图23-31

（3）Ctrl+U 调出色相 / 饱和度窗口，勾选"着色"，将饱和度设置为 70，色相参数不要改变，明度设置为 -30，完成真实材料的换色（图 23-32）。

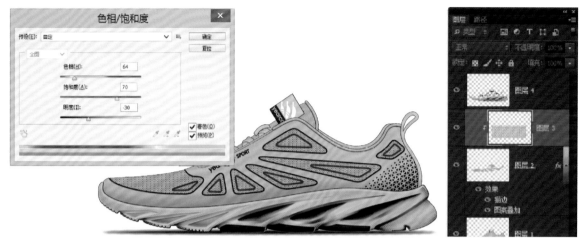

图 23-32

方法 2：

（1）打开素材文件，显示"图层 3"，Ctrl+Alt+G 建立图层剪贴蒙版（图 23-33）。

（2）选择"图层 3"，图层混合模式为"正片叠底"（图 23-34）。

（3）选择"图层 2"，前景色设置为中黄，Alt+Shift+Delete 将"图层 2"的颜色改为中黄（图 23-35）。

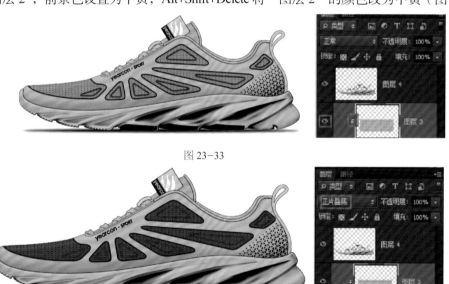

图 23-33

图 23-34

图 23-35

（4）将前景色设置为绿色，Alt+Shift+Delete 将"图层 2"的颜色改为绿色，完成真实材料的换色（图 23-36）。

图 23-36

第 7 节　原鞋换色

（1）打开"原鞋换色原图"素材，执行 Ctrl+J 复制背景图层（图 23-37）。

（2）执行 Ctrl+U 弹出色相 / 饱和度窗口，色彩范围选择红色，设置色相、饱和度、明度参数，完成颜色更改（图 23-38）。

图 23-37

图 23-38

本章小结

素材应用包括画笔、形状、图案、样式、颜色等，这些素材都可以使用定义、存储、载入等操作，而图案、材料等素材的绘制需要平时工作中不断积累。掌握这些操作能够极大地提高绘图效率，取得事半功倍的效果。

本章练习

参考本章给出的具体步骤，下载画笔素材、形状素材、图案素材、样式素材和颜色素材，并将它们载入 PS 软件，也要熟练掌握定义素材、保存素材的操作方法。

第 24 章　路径上色法与形状上色法

课时分配：
共 6 课时，理论 3 课时，实践 3 课时。

学习目标：
通过本章路径上色和形状上色方法的系统学习，熟记操作步骤，能够根据学习工作的需要，选择不同的上色方法。

技能要求：
学生具备准确分析鞋子结构的能力，根据需要灵活选择上色方法，特别是熟练管理图层知识，清楚图层上下层次关系，掌握换色和修改上色图层的方法。

第 1 节　路径上色法

（1）打开本节原图素材，根据鞋子的结构绘制路径，注意独立结构要完整，路径连接好（图 24-1）。

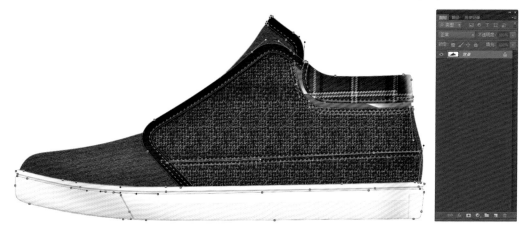

图 24-1

（2）新建"图层1"，填充白色，显示出路径（图24-2）。

（3）根据鞋子结构层次关系，从鞋底开始，将开放的路径封闭，这一步比较难，在封闭路径之前要分析上下层次关系，被遮挡的结构延伸　部分绘制闭合路径（图24-3、图24-4）。

图24-2

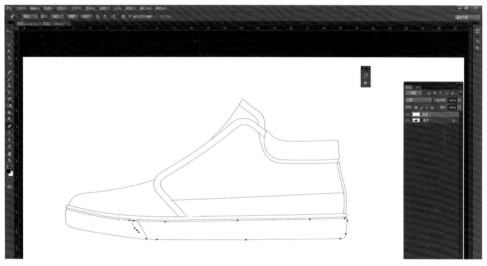

图24-3

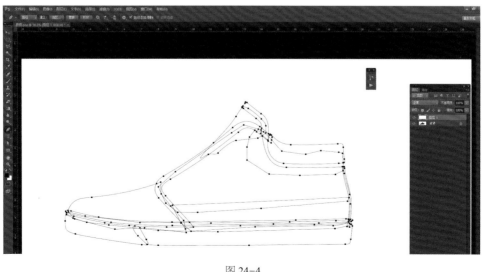

图24-4

（4）路径上色。

①选择钢笔工具，激活鞋底最上层的结构路径，右键建立选区，在弹出的窗口中羽化为0（图 24-5）。

②新建"图层 2"，填充浅灰色，Ctrl+D 取消选区（图 24-6）。

（5）同样的方法，将下层路径结构变成选区后上色，将所有的鞋底对象上色，注意图层的上下层次关系，也就是后面建立的图层一般放在前面图层之下（图 24-7、图 24-8）。

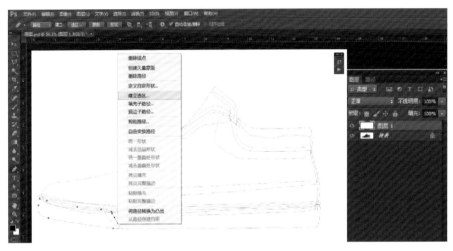

图 24-5

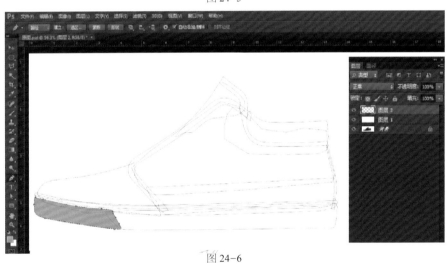

图 24-6

图 24-7

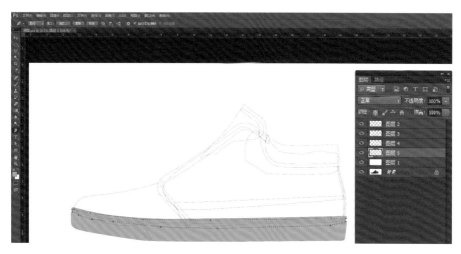

图 24-8

（6）将鞋底所有图层选中，Ctrl+G 编为"组 1"，然后用同样的方法将鞋帮面所有对象的路径结构全部上色，Ctrl+G 编为"组 2"（图 24-9、图 24-10）。

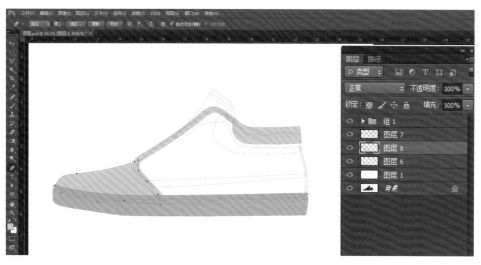

图 24-9

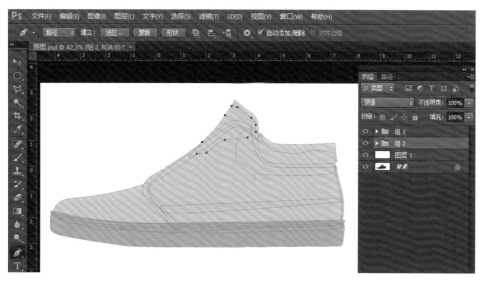

图 24-10

（7）回车键隐藏路径，路径上色完成（图 24-11）。

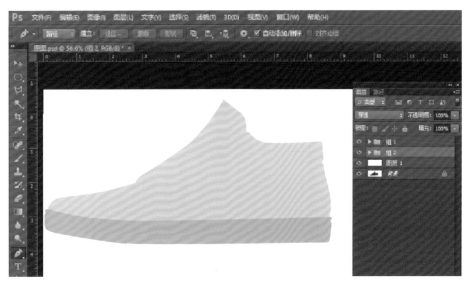

图 24-11

第 2 节　形状上色法

（1）打开"形状上色原图"，新建"图层 1"，填充白色，覆盖背景图，直观显示路径（图 24-12）。

（2）双击工作路径，保存为"路径 1"（图 24-13）。

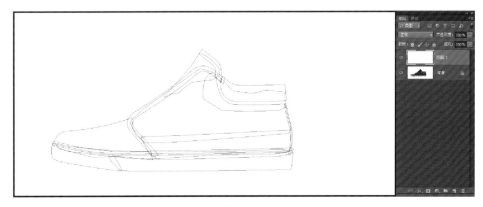

图 24-12

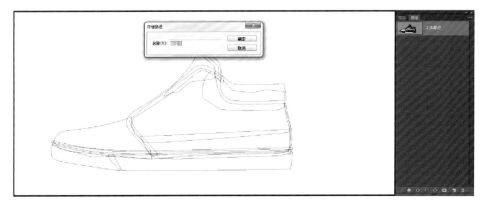

图 24-13

（3）Ctrl+X 剪切路径，点击路径面板空白处隐藏路径，Ctrl+V 粘贴，分离鞋底结构路径（图 24-14）。

（4）在工具属性栏中选择"路径"，单击"形状"将路径转化为形状（图 24-15、图 24-16）。

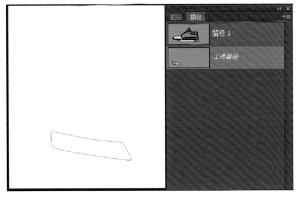

图 24-14

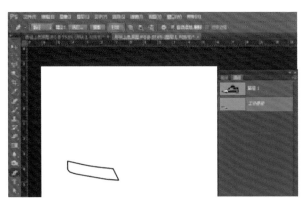

图 24-15

图 24-16

（5）选择"路径 1"，同样的方法，分离鞋底部分下层鞋底结构路径（图 24-17）。

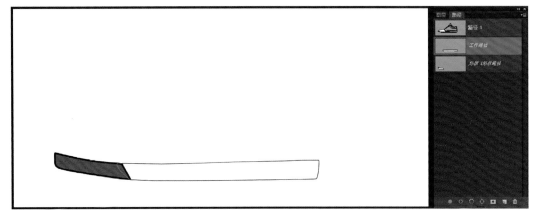

图 24-17

（6）在工具属性栏中选择"路径"，单击"形状"（图 24-18、图 24-19）。

（7）接着将其他鞋底结构的路径转化为形状，并将所有鞋底形状图层编为"组 1"（图 24-20）。

（8）同样的方法，将帮面的路径转化为形状，注意形状图层的上下层次关系，最后编为"组 2"（图 24-21）。

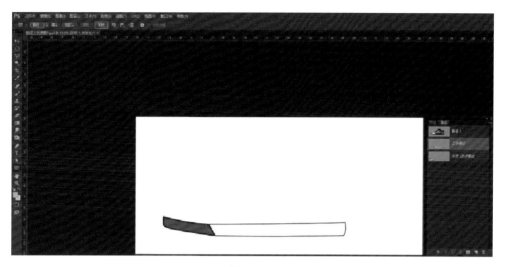

图 24-18

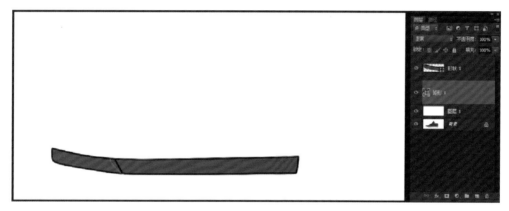

图 24-19

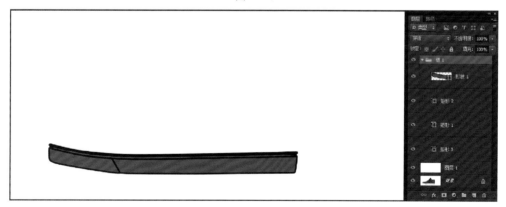

图 24-20

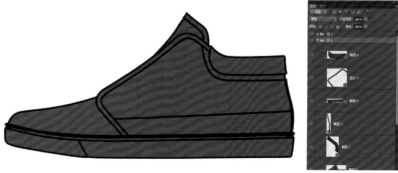

图 24-21

（9）选择鞋底的所有图层，将工具属性栏中的填充色设置为黄色，描边为 0.5（图 24-22、图 24-23）。

（10）选择帮面的所有图层，将工具属性栏中的填充色设置为浅灰色，描边为 0.5（图 24-24）。

图 24-22

图 24-23

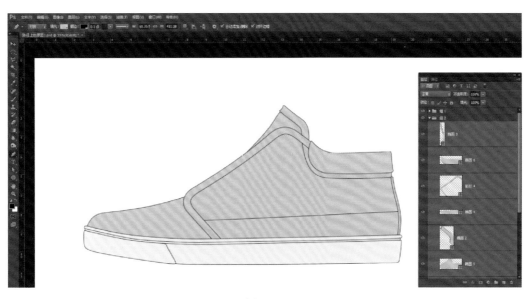

图 24-24

本章小结

本章详细介绍了路径上色和形状上色方法。

路径上色法首先需要按照鞋子的廓型结构绘制完整的路径，然后根据鞋子的结构将路径闭合，注意将被遮挡的对象自由连接，然后按照鞋子的结构层次关系新建图层分开上色。难点是要熟练调整图层的层次关系和闭合路径的操作。

在形状上色法中，要将闭合的路径转化为形状。在这个过程中需要充分理解鞋子的结构和图层的上下层次关系，在修改形状方面比描边上色和路径上色更加灵活。

本章练习

根据本章提供的"路径上色原图素材"和"形状上色原图素材"，参考本章给出的具体步骤，熟练完成本章案例中板鞋的两种上色方法。

PART 3

第三部分

案例实战篇

第 25 章　跑鞋绘制案例

全掌气垫跑鞋绘制案例详细步骤

（1）新建 A4 横向图像文件，执行：文件—置入"全掌气垫跑鞋原图"（图 25-1）。

（2）Ctrl+J 制作图层副本，Ctrl+T 缩小至左上角缩略图（图 25-2）。

（3）钢笔工具绘制跑鞋工作路径。

①根据鞋子的结构，使用钢笔工具绘制鞋的主要结构工作路径，注意路径线条整体连贯统一（图 25-3）。

②在鞋子结构衔接处，路径要倒圆角（图 25-4）。

图 25-1

图 25-2

图 25-3　　　　　　　　　　　　　　　　　　　　图 25-4

③根据跑鞋的结构层次关系，绘制闭合路径，一般要从鞋底开始闭合，被上部结构遮挡的位置路径自由连接、闭合（图25-5、图25-6）。

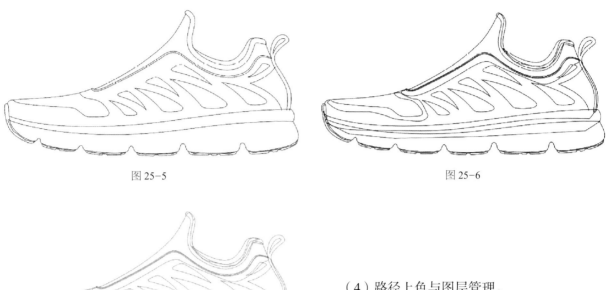

图25-5   图25-6

（4）路径上色与图层管理。

①上色从大底开始（图25-7）；将鞋底部分路径全部上色（图25-8）。

图25-7

图25-8

②将鞋底部分所有上色图层选中，Ctrl+G 编为"组 1"（图25-9）。

图25-9

③为了避免上色混乱，帮面上色从鞋领口结构开始（图 25-10）。

④接着从相邻结构开始上色，因为相邻结构可以直观判断上下层次关系，直至把帮面所有结构上色完成（图 25-11、图 25-12）。

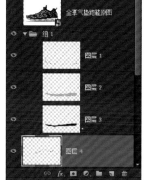

图 25-10

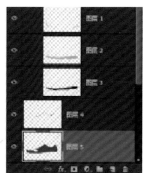

图 25-11

图 25-12

⑤将帮面所有上色图层选中，Ctrl+G 编为"组 2"，调整上色图层的层次关系，这样就将鞋的主体结构全部上色完成，鞋底编组（组 1）在帮面编组（组 2）的上面，图层面板管理完成（图 25-13）。

图 25-13

（5）制作帮面镂空部分。

①选中帮面镂空部分的全部路径，右键—建立选区（图25-14）；隐藏路径显示，选择对应的图层（图25-15）。

图25-14

图25-15

② Delete 键删除镂空部分（图25-16）；Ctrl+D 取消选区（图25-17）。

图25-16

图25-17

（6）在对应镂空图层之下新建图层，多边形套索工具绘制选区（图 25-18）；填充颜色，Ctrl+D 取消选区（图 25-19）。

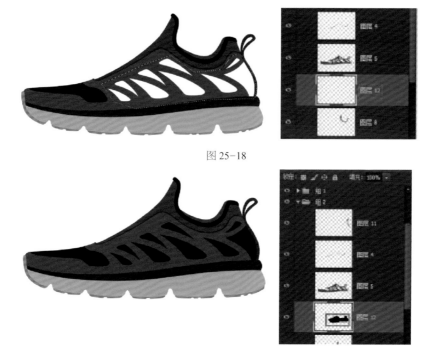

图 25-18

图 25-19

（7）绘制气垫结构。

①将"图层 1"（外底对象图层）载入选区，收缩 1 像素（图 25-20）；然后选择"图层 2"（中底气垫图层）删除，得到完整的气垫结构（图 25-21）。注意：这里是利用选区的综合操作得到各部分准确的色块。

图 25-20

图 25-21

②制作橙色大底的效果（图 25-22、图 25-23）。

③选择气垫图层，钢笔工具绘制工作路径（图 25-24）。

④ Ctrl+ 回车键，路径载入选区，羽化半径为 45 像素（图 25-25）；Ctrl+U 执行两次，明度设置

为 –100，用来制作暗部效果（图 25-26、图 25-27）。

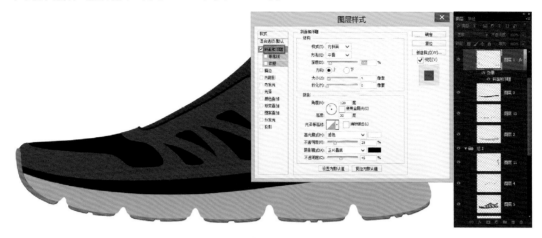

图 25-22

图 25-23

图 25-24

图 25-25

⑤ Ctrl+D 取消选区，打开气垫图层的图层样式，调整参数设置（图 25-28）。

图 25-26

图 25-27

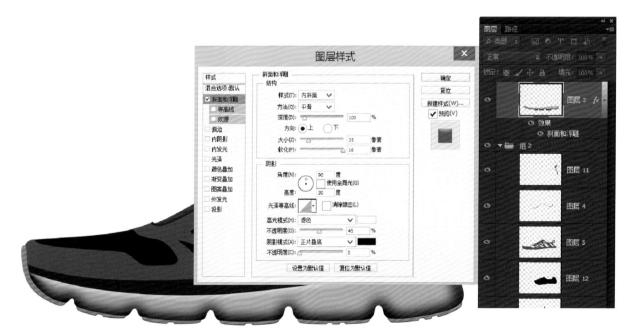

图 25-28

⑥钢笔工具绘制气垫的内部结构路径（图25-29）；Ctrl+回车键，路径载入选区（图25-30）。

⑦执行 Alt+L+J+C，新建调整图层（图25-31）；Ctrl+Alt+G 创建剪贴蒙版（图25-32）。

⑧制作新建调整图层的图层样式（图25-33、图25-34）。

⑨继续将"图层2"载入选区，新建调整图层，创建剪贴蒙版，制作图层样式，制作气垫暗部反光效果（图25-35、图25-36）。

⑩继续将"图层2"载入选区，新建调整图层，创建剪贴蒙版，制作图层样式，制作丰富的气垫反光效果（图25-37、图25-38）。

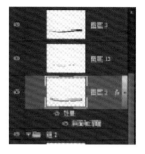

图 25-29

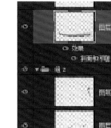

图 25-30

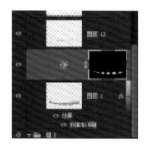

图 25-31

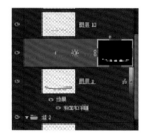

图 25-32

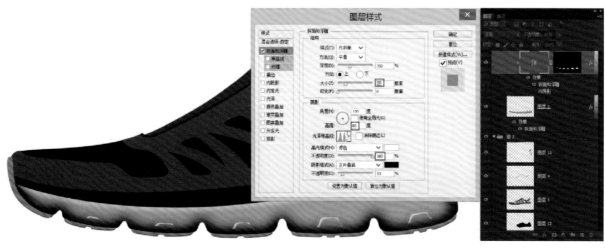

图 25-33

图 25-34

图 25-35

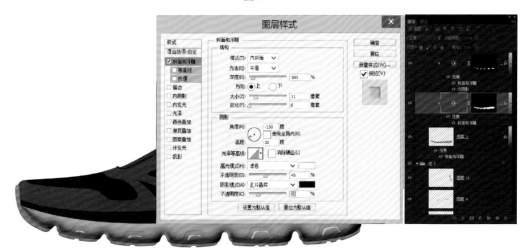

图 25-36

图 25-37

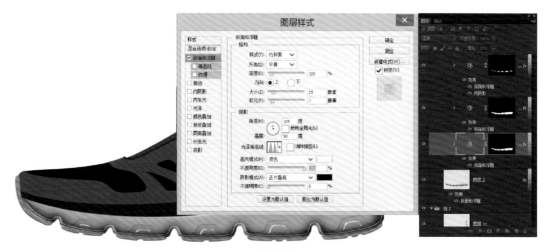

图 25-38

⑪ 根据气垫的结构，钢笔工具辅助绘制选区，然后将选区羽化 12 像素（图 25-39）。

⑫ 新建图层，填充白色（图 25-40）。

⑬ Ctrl+D 取消选区，同样的方法在后掌鞋底部分绘制一些自由的选区，填充白色（图 25-41、图 25-42）。

图 25-39

图 25-40

图 25-41

⑭ Ctrl+D 取消选区，用钢笔工具辅助，在鞋底部分绘制选区（图 25-43）。

⑮ 选区羽化，12 像素，在鞋底组最底层新建图层，填充黑色，作为气垫部分的投影（图 25-44）。

⑯ Ctrl+D 取消选区，协调整体效果，气垫制作完成（图 25-45）。

（8）插入"中底纹理素材"（图 25-46）；Ctrl+G 创建剪贴蒙版，图层面板不透明度设置为 70%，填充设置为 0%，设置图层样式窗口参数（图 25-47）。

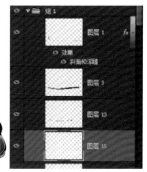

图 25-42

图 25-43

图 25-44

图 25-45

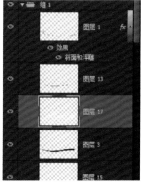

图 25-46

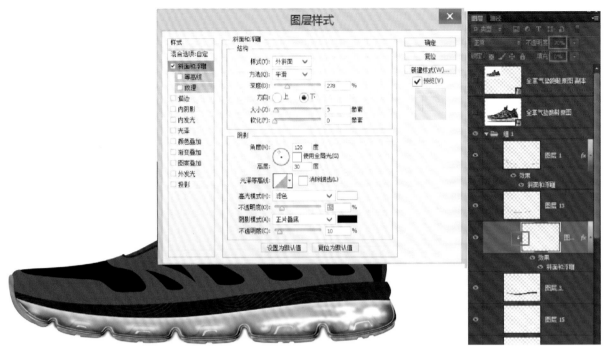

图 25-47

（9）制作中底的图层样式效果（图 25-48）。

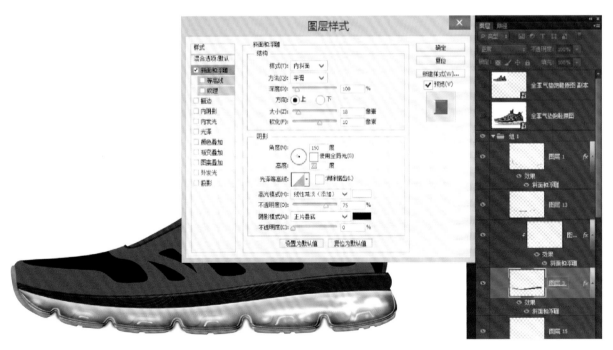

图 25-48

（10）制作帮面贴膜的效果（图 25-49）。

（11）在帮面图层之上置入"迷彩素材"（图 25-50）；回车键确定，Ctrl+Alt+G 创建剪贴蒙版（图 25-51）。

（12）将制作好的网点分化图层插入（图 25-52）；Ctrl+Alt+G 创建剪贴蒙版（图 25-53）。

图 25-49

图 25-50

图 25-51

图 25-52

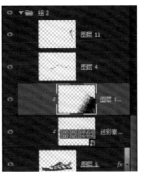

图 25-53

（13）制作贾卡网布。

①因为鞋头和鞋身是一整块贾卡网布，合并"图层6"和"图层12"（图25-54）；将网布图层颜色统一为深灰色（图25-55）。

②打开图层样式对话框，选择"图案叠加"，混合模式设置为"线性加深"（图25-56）。

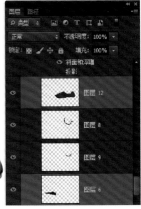

图 25-54

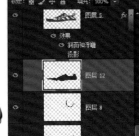

图 25-55

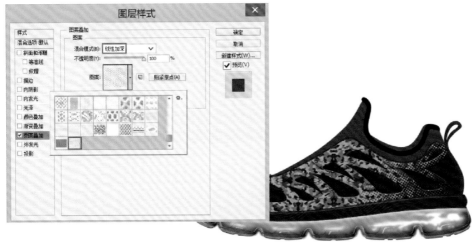

图 25-56

③ 选择椭圆选框工具，根据设计方案绘制多个椭圆，右键变化选区，调整选区的位置和大小（图 25-57、图 25-58）。

④ 在网布上新建图层，Ctrl+Alt+G 创建剪贴蒙版，填充橙色（图 25-59）。

图 25-57

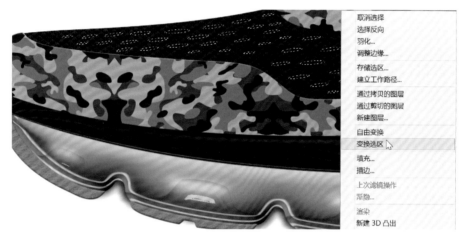

图 25-58

图 25-59

⑤ Ctrl+D 取消选区，打开图层样式，选择内阴影（图 25-60）。

⑥钢笔工具绘制工作路径（图 25-61）；Ctrl+ 回车键，载入选区（图 25-62）。

⑦ Shift+F6，羽化半径为 16 像素（图 25-63）；新建图层，创建剪贴蒙版，填充橙色（图 25-64）。

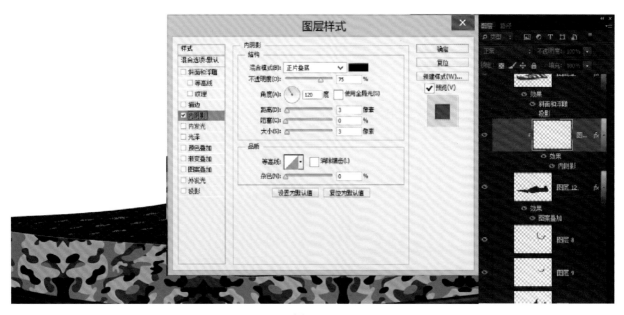

图 25-60

图 25-61   图 25-62

图 25-63   图 25-64

⑧ Ctrl+D 取消选区，帮面贾卡网布绘制完成（图 25-65）。

（14）打开图层样式窗口，制作后跟织带效果。

①选择"斜面和浮雕"，调整参数设置（图 25-66）。

②选择"纹理"，调整参数设置（图 25-67）。

③选择"描边"，调整参数设置（图 25-68）。

④选择"投影"，调整参数设置（图 25-69）。

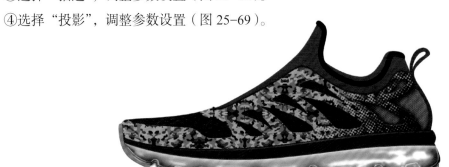

图 25-65

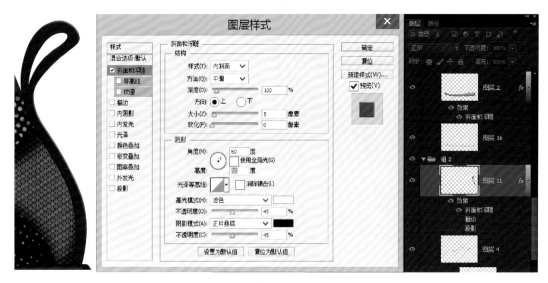

图 25-66

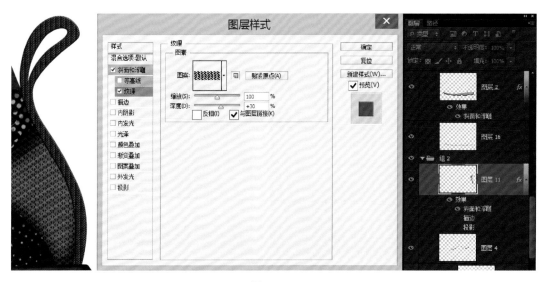

图 25-67

图 25-68

图 25-69

（15）绘制鞋头凸起效果。

①绘制工作路径（图 25-70）；Ctrl+ 回车键，载入选区（图 25-71）。

图 25-70

图 25-71

②执行 Alt+L+J+C，新建调整图层（图 25-72）；创建剪贴蒙版，新建调整图层上移一层
（图 25-73）。

③打开新建调整图层的图层样式窗口，设置参数（图 25-74）。

图 25-72

图 25-73

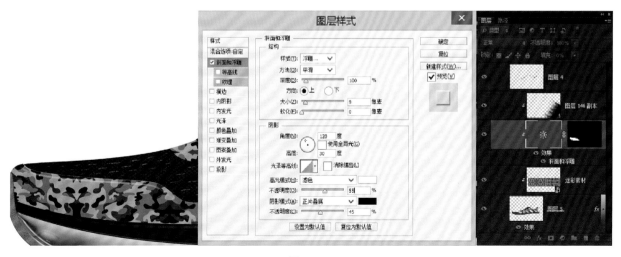

图 25-74

（16）金属扣的绘制。

①椭圆工具绘制金属扣路径（图 25-75）。

②全选金属扣路径，在路径工具属性栏中，路径操作设置为"排除重叠形状"（图 25-76）。

③新建图层，Ctrl+ 回车键，载入选区（图 25-77）；填充橙色（图 25-78）。

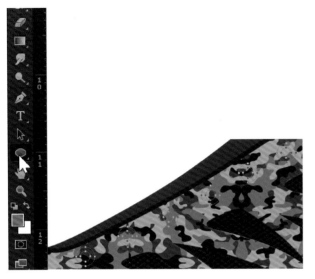

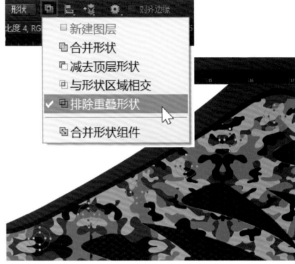

图 25-75

图 25-76

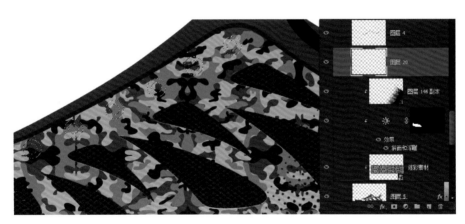

图 25-77

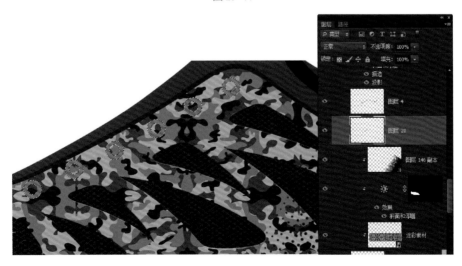

图 25-78

④ Ctrl+D 取消选区，图层面板不透明度设置为 0，打开图层样式窗口，选择"斜面和浮雕"，调整参数设置（图 25-79）；选择"投影"，调整参数设置（图 25-80）。

⑤选择金属扣内环的路径，右键建立选区（图 25-81）。

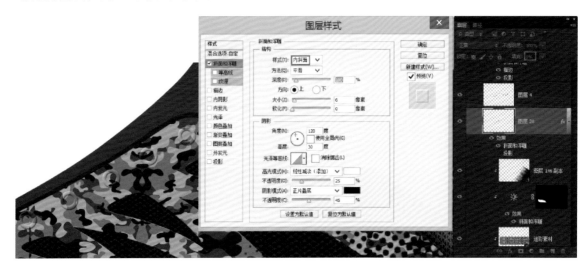

图 25-79

图 25-80

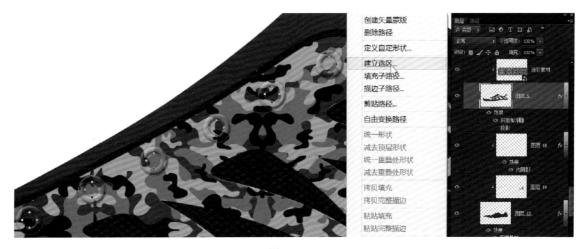

图 25-81

⑥隐藏路径显示，选择"图层 5"，Delete 键删除"图层 5"的内容（图 25-82）。

⑦在金属扣图层下面，执行 Alt+L+J+C，新建调整图层（图 25-83）；打开图层样式窗口，选择"内阴影"，调整参数设置（图 25-84）。

图 25-82

图 25-83

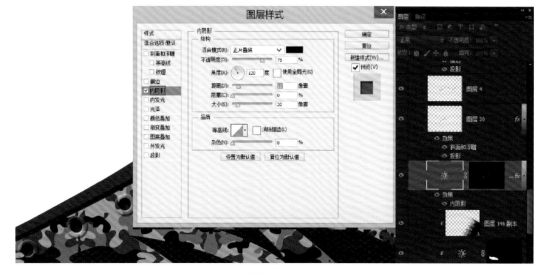

图 25-84

（17）绘制鞋带。

①在帮面组的最顶层新建图层，钢笔工具绘制鞋带工作路径（图 25-85）。

② Ctrl+ 回车键，将路径载入选区；Alt+Delete 键，填充深灰色（图 25-86）。

③ Ctrl+D 取消选区，制作鞋带的"斜面和浮雕""纹理""投影"效果（图 25-87~ 图 25-89）。

图 25-85

图 25-86

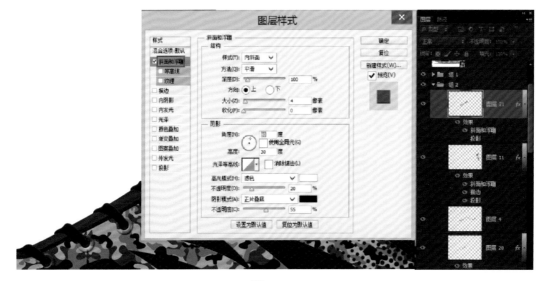

图 25-87

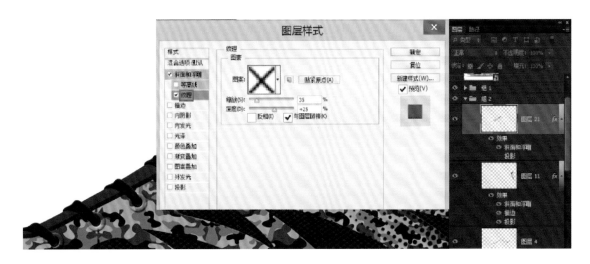

图 25-88

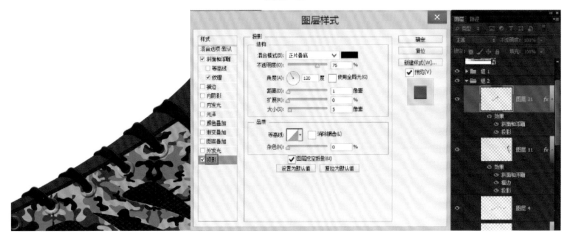

图 25-89

④ Ctrl+ 单击图层缩略图，将鞋带载入选区（图 25-90）；执行 Alt+S+M+C，收缩选区 4 像素（图 25-91）。

⑤根据选区的范围，顺延绘制路径（图 25-92）；Ctrl+Shift+ 回车键，将路径与选区合并得到更大的选区（图 25-93）。

图 25-90

图 25-91

图 25-92

图 25-93

⑥执行 Alt+L+J+C，新建调整图层；Ctrl+Alt+G，创建剪贴蒙版（图 25-94）。

图 25-94

　　⑦制作新建调整图层的图层样式效果（图 25-95）；双击图层蒙版缩略图，打开属性面板，将羽化设置为 2 像素，制作下凹边缘的过渡效果（图 25-96）。

　　⑧椭圆工具绘制工作路径（图 25-97）；Ctrl+ 回车键，载入选区，新建图层，Shift+F6 键，羽化为 5 像素（图 25-98）。

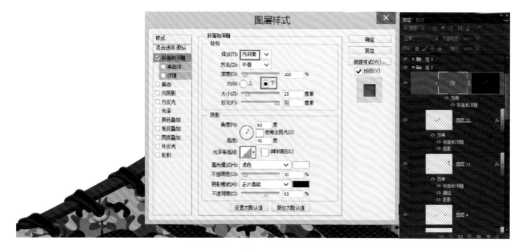

图 25-95

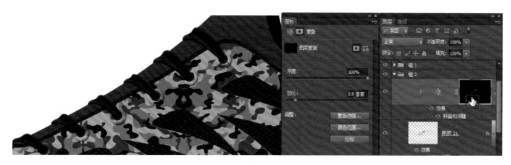

图 25-96

图 25-97

图 25-98

⑨ Alt+Delete 键，选区填充黑色（图 25-99）。

⑩ Ctrl+D 取消选区，Ctrl+Alt+G 创建剪贴蒙版，鞋带整体暗部效果制作完成（图 25-100）。

（18）制作鞋舌的效果。

①打开图层样式窗口，选择"斜面和浮雕"，调整参数设置（图 25-101）；选择"纹理"，调整参数设置（图 25-102）。

图 25-99

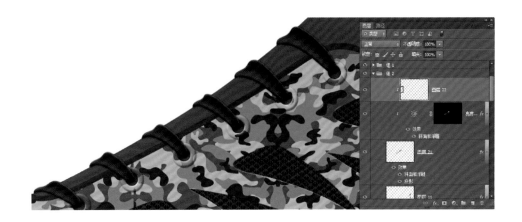

图 25-100

图 25-101

248

图 25-102

②钢笔工具绘制工作路径（图 25-103）；Ctrl+ 回车键，载入选区（图 25-104）。

③执行 Alt+L+J+C，新建调整图层，选择亮度对比度，亮度设置为 75（图 25-105）；选择蒙版，羽化设置为 6 像素（图 25-106）。

图 25-103

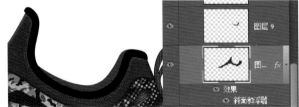

图 25-104

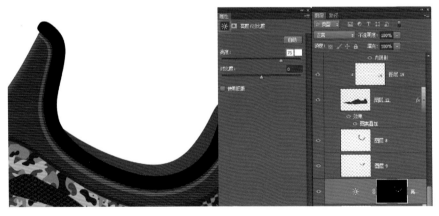

图 25-105

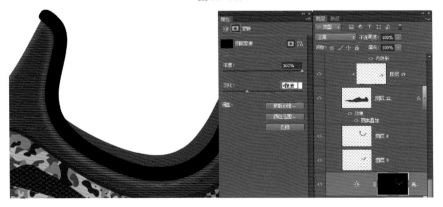

图 25-106

（19）制作鞋领口捆边效果。

①制作鞋领口捆边的厚度效果（图 25–107）。

②制作鞋领口捆边的材质效果（图 25–108）。

③制作鞋领口捆边的投影效果（图 25–109）。

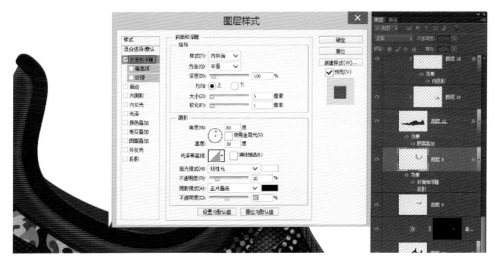

图 25–107

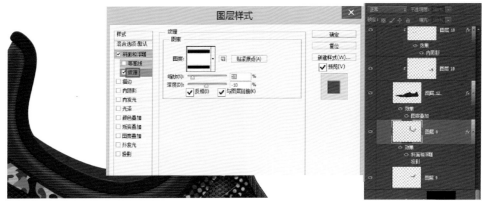

图 25–108

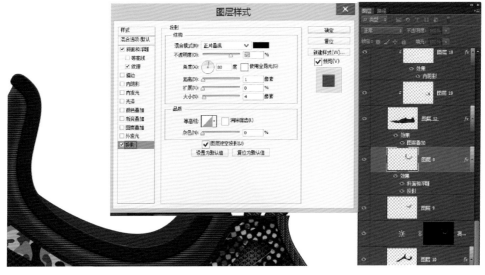

图 25–109

④拷贝鞋领口捆边的图层样式，粘贴在内里图层之上（图 25-110、图 25-111）。

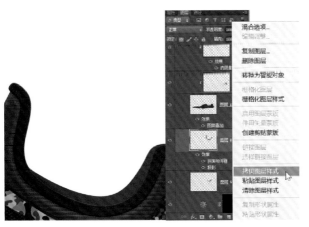
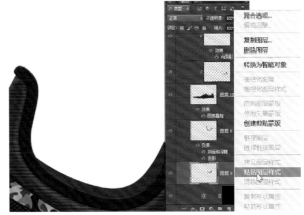

图 25-110　　　　　　　　　　　　　　　　图 25-111

（20）运用创建矢量蒙版的方法，制作跑鞋整体暗部效果。

①钢笔工具绘制暗部区域的路径（图 25-112）。

②在帮面最顶层新建图层，右键—创建矢量蒙版（图 25-113）。

③前景色设置为黑色，Alt+Delete 键，填充黑色（图 25-114）。

④双击矢量蒙版缩略图，打开属性面板，将羽化大小设置为 50 像素，暗部效果绘制完成（图 25-115）。

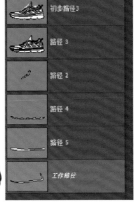

图 25-112

图 25-113

图 25-114

图 25-115

（21）制作跑鞋整体亮部效果。

①钢笔工具绘制亮部区域的路径（图 25-116）。

②在帮面最顶层新建图层，右键—创建矢量蒙版（图 25-117）。

③背景色设置为白色，Ctrl+Delete 键，填充白色（图 25-118）。

④双击矢量蒙版缩略图，打开属性面板，将羽化大小设置为 50 像素（图 25-119）。

⑤亮部区域图层的混合模式设置为"柔光"，不透明度设置为 70%，亮部效果绘制完成（图 25-120）。

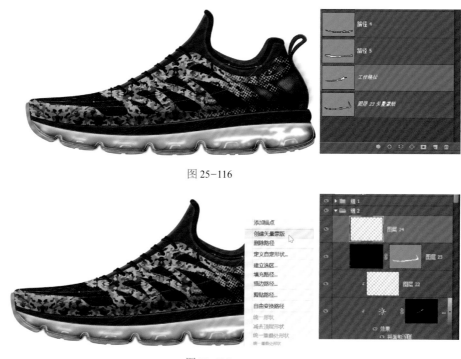

图 25-116

图 25-117

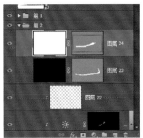

图 25-118

图 25-119

图 25-120

本章小结

本章详细介绍了全掌气垫跑鞋的详细绘制步骤，难点在于气垫高光和反光效果的表达，初学者应该仔细观察、多次练习才能有所提高，特别是本章讲述的运用创建矢量蒙版的方法制作跑鞋整体暗部、亮部效果，是本书新的知识点，该操作方法可以在效果完成后继续编辑路径，从而调整暗部和亮部的区域，操作起来十分方便。另外，跑鞋的结构和工艺细节较多，所以该案例的操作步骤也非常多，建议初学者熟练操作软件后再来学习本章案例。

第 26 章　女鞋绘制案例

女士高跟鞋绘制案例详细步骤

（1）Ctrl+N，新建图像文件。设置：预设为国际标准纸张，大小为 A4，分辨率为 300 像素 / 英寸，颜色模式为 RGB，其他设置默认（图 26-1）。

（2）将素材文件"女鞋 2"拖动到新建文件（图 26-2）；回车键确定，Ctrl+J，制作素材文件的副本，Ctrl+T，等比例缩小至画面左上角（图 26-3）。

（3）根据素材效果图，用钢笔工具绘制女鞋的结构路径，隐藏素材文件，显示路径效果（图 26-4）。

（4）新建"图层 1"，选择画笔工具，【F5】键调出画笔面板，设置参数（图 26-5、图 26-6）；选择路径，回车键，路径描边完成（图 26-7）。

（5）线稿上色（采用自动上色命令完成，参考第 10 章自动上色命令，这里不作赘述），建议每一个色块填充到一个图层，方便后续不同部位的效果处理（图 26-8、图 26-9）。

图 26-1

图 26-2

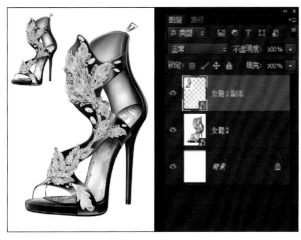

图 26-3

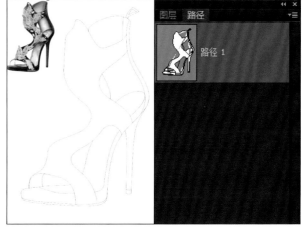

图 26-4

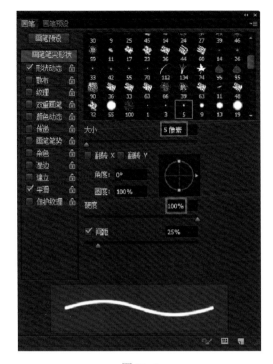

图 26-5

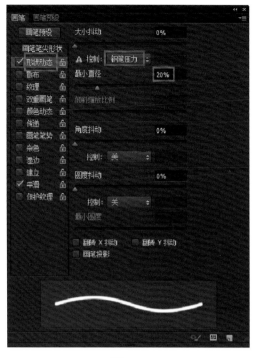

图 26-6

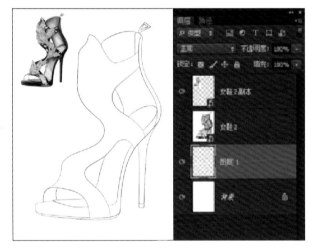

图 26-7

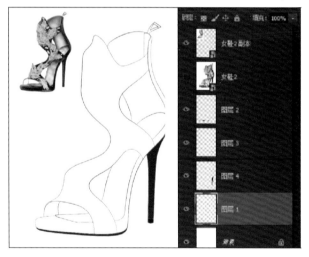

图 26-8

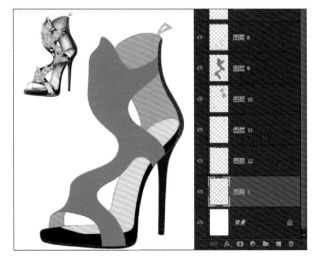

图 26-9

（6）制作后跟的立体效果。

①选择画笔工具，在后跟对象图层之上新建图层，画笔设置为合适大小，硬度设置为 0，创建剪贴蒙版，用画笔刷出暗部效果（图 26-10）。

②制作后跟下部分细节效果（图 26-11）。

③同样的方法，新建图层，创建剪贴蒙版，刷出亮部、高光及反光部分，塑造跟部的光影效果和质感（图 26-12）。

（7）钢笔工具绘制工作路径，Ctrl+ 回车键，将路径载入选区，在鞋底防水台图层之上新建图层，然后建立剪切蒙版（图 26-13、图 26-14）。

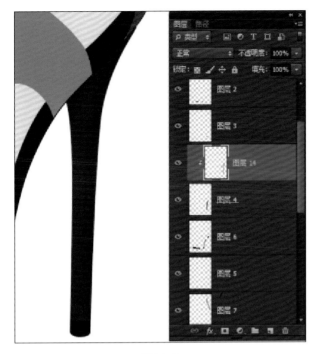

图 26-10

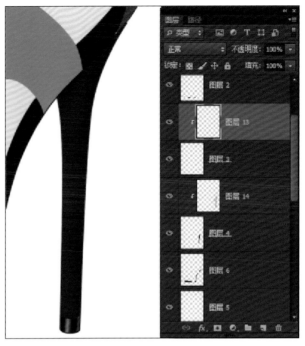

图 26-11

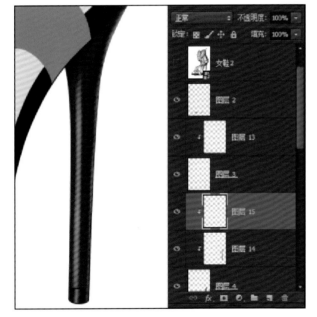

图 26-12

图 26-13

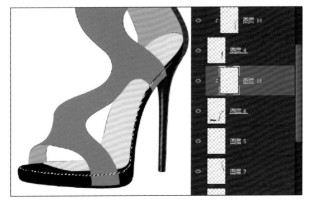

图 26-14

（8）Shift+F6，将选区羽化 5 像素，选区填充为白色，Ctrl+D 取消选区，该图层的不透明度设置为 60％，制作鞋底的厚度效果（图 26-15、图 26-16）。

（9）选择画笔工具，新建图层，前景色设置为白色，画笔设置为合适大小，硬度设置为 0％，画笔刷出鞋头的亮部区域，Ctrl+Alt+G，创建剪贴蒙版，图层不透明度设置为 50％（图 26-17、图 26-18）。

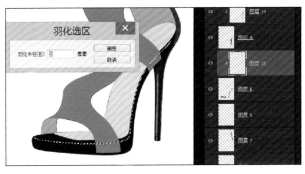

图 26-15

图 26-16

图 26-17

图 26-18

（10）打开素材文件，在鞋底面图层之上插入素材图片，Ctrl+Alt+G，将它们创建剪贴蒙版（图 26-19、图 26-20）。

（11）同样的方法，用画笔工具绘制鞋垫的明暗过渡及厚度等效果（图 26-21）。

（12）制作后跟皮革的厚度和反光效果，采用画笔工具结合创建剪贴蒙版来完成，这里不作赘述（图 26-22、图 26-23）。

图 26-19

图 26-20

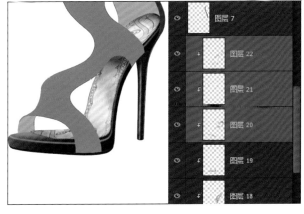

图 26-21

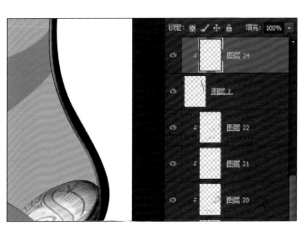

图 26-22

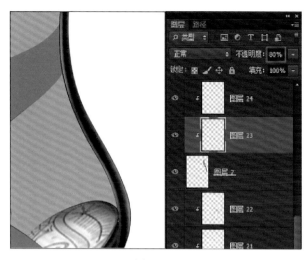

图 26-23

（13）制作帮面皮革的效果。

①将帮面皮革灰色替换为深灰色（图 26-24）。

②根据光源的方向和女鞋的造型结构，使用画笔工具刷出亮部区域（图 26-25）。

③画笔工具刷出高光和反光部分，塑造皮革光亮质感效果（图 26-26）。

④使用画笔工具在革料边缘刷出皮革的厚度效果（图 26-27）。

（14）插入帮面装饰素材图片，执行快捷键 Alt+L+Y+B，打开图层样式窗口，制作图层的投影效果（图 26-28、图 26-29）。

（15）继续插入素材图片，Ctrl+T 进行缩放、旋转等操作，合理有序地排列在帮面上（图 26-30~ 图 26-33）。

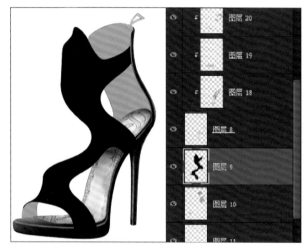

图 26-24

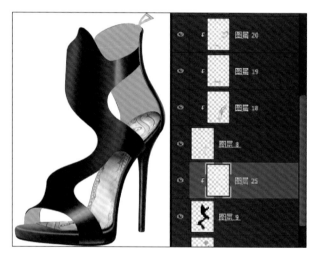

图 26-25

图 26-26

图 26-27

图 26-28

图 26-29

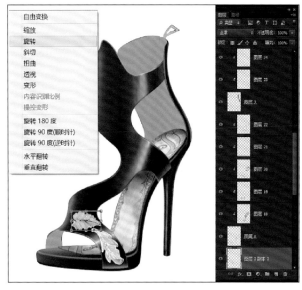

图 26-30

图 26-31

图 26-32

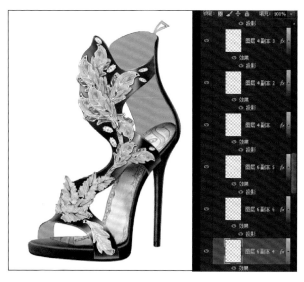

图 26-33

（16）制作内里弧面的明暗过渡效果及皮革的厚度感（图 26-34~ 图 26-36）。

（17）制作内里材料的纹理效果。

①打开图层样式窗口，选择"斜面和浮雕"，调整参数设置（图 26-37）。

②选择"纹理"，设置参数，制作材料的肌理效果（图 26-38）。

（18）去除内里图层样式产生的断面效果。

① Ctrl+ 单击图层缩略图，使对象图层内容载入选区（图 26-39）。

②根据选区"蚂蚁线"，钢笔工具绘制路径（图 26-40）。

图 26-34

图 26-35

图 26-36

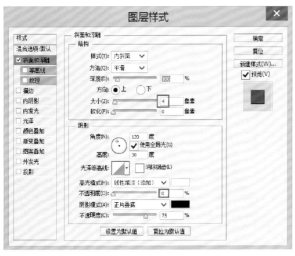

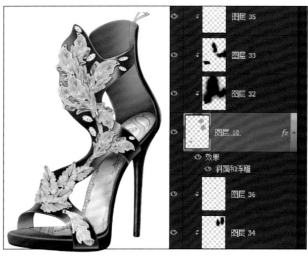

图 26-37

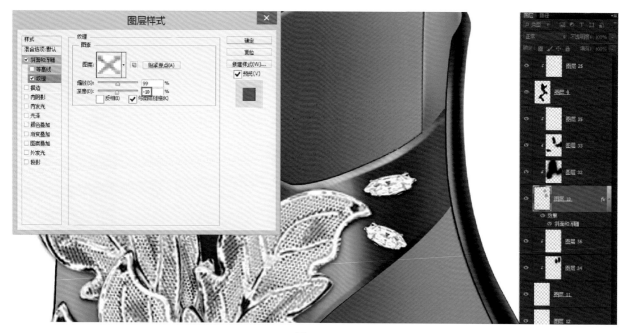

图 26-38

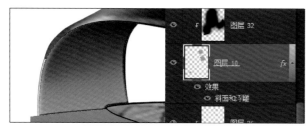

图 26-39

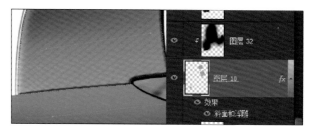

图 26-40

③ Ctrl+Shift+ 回车键，使路径和选区合并，得到更大的选区（图 26-41）。

④重新填充一次颜色，断面的地方就能消失（图 26-42）。

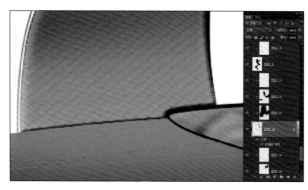

图 26-41

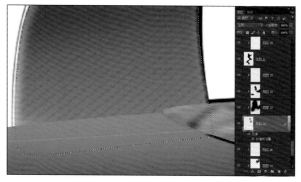

图 26-42

（19）选择外底图层，打开图层样式窗口，制作外底效果。

①选择"斜面和浮雕"，大小设置为 6 像素，阴影高度设置为 65 度，高光模式不透明度设置为 35%，设置其他参数（图 26-43）。

②选择"纹理"，深度设置为 +16%，选择纹理图案（图 26-44）。

（20）选择中底图层，在图层样式窗口中选择"内阴影"，调整参数设置（图 26-45）。

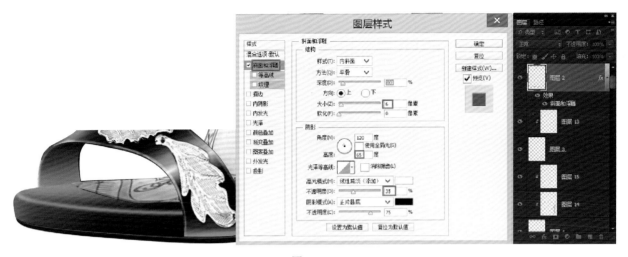

图 26-43

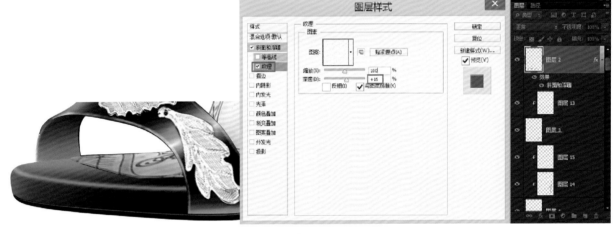

图 26-44

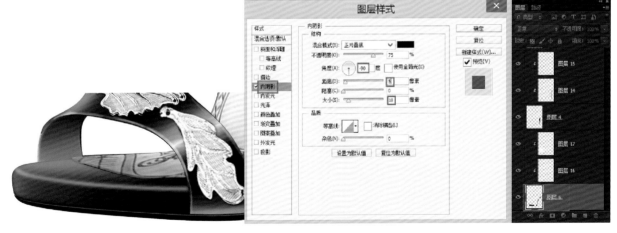

图 26-45

（21）绘制整体投影效果。

①钢笔工具绘制投影范围路径（图 26-46）。

②Ctrl+ 回车键，将路径转化为选区，执行 Shift+F6，选区羽化 9 像素（图 26-47）。

③在背景图层之上新建图层，使用画笔工具绘制女鞋的整体投影效果，注意投影的明暗和虚实变化（图 26-48）；Ctrl+D 取消选区（图 26-49）。

图 26-46

图 26-47

图 26-48

图 26-49

（22）绘制背景效果。

①矩形选框工具绘制选区（图 26-50）；执行 Shift+F6，将选区羽化 10 像素（图 26-51）。

②新建图层填充黑色，图层的不透明度设置为 30%（图 26-52）。

（23）选择渐变工具，在渐变编辑器中选择"铜色渐变"（图 26-53）；在背景图层之上新建图层，绘制渐变效果（图 26-54）。

图 26-50

图 26-51

图 26-52

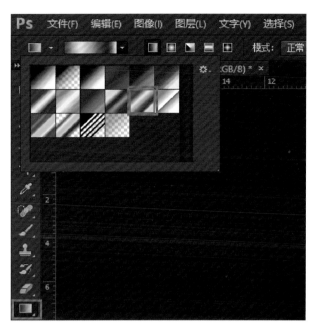

图 26-53

图 26-54

（24）执行 Ctrl+U 去色，色相设置为 +170，饱和度设置为 -75，塑造一种冷色调的蓝灰色背景效果（图 26-55）。

（25）多边形套索工具绘制范围（图 26-56）；执行 Shift+F6，羽化半径 120 像素（图 26-57）。

（26）执行 Alt+L+J+C，新建调整图层，在属性窗口中设置参数，营造画面的光感效果（图 26-58）。

（27）绘制反光部分的环境色，协调画面层次关系，营造整体色调效果（图 26-59）。

（28）插入"KANGNAI 康奈"Logo 图层（图层 46），Ctrl+J 制作 Logo 的副本图层，Ctrl+T 调整 Logo 的大小和位置（图 26-60）。

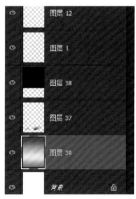

图 26-55

图 26-56

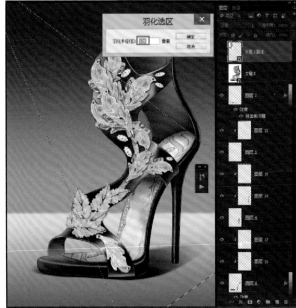

图 26-57

图 26-58

图 26-59

（29）执行 Ctrl+【，将副本图层下移，Ctrl+Alt+G 创建剪贴蒙版（图 26-61）；删除中文部分的字体，Ctrl+T 执行变形操作，回车键确定（图 26-62）。

（30）将该图层的混合模式设置为"正片叠底"（图 26-63）。

（31）执行：滤镜—模糊—高斯模糊（图 26-64）；半径设置为 1.5 像素（图 26-65）。

（32）将图层的不透明度设置为 80%（图 26-66）。

（33）调整图层顺序，微调画面效果，最终效果完成（图 26-67）。

图 26-60

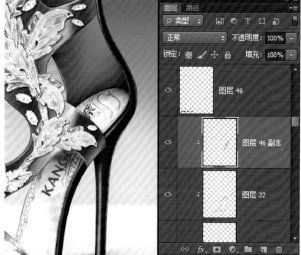

图 26-61

图 26-62

图 26-63

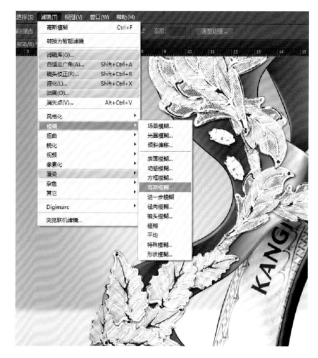

图 26-64

图 26-65

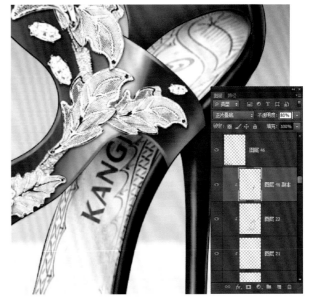

图 26-66

图 26-67

本章小结

本章详细介绍了透视角度的女鞋效果图表现方法，女鞋效果图表现的重点和难点在于光影效果的表达和立体感的塑造，需要重点熟练使用画笔，根据光源的方向和鞋子的形体结构，使用画笔工具刷出暗部、亮部、反光效果。另外，使用创建剪贴蒙版给对象添加材质效果，也是绘制女鞋效果图常用的方法。

第 27 章 网布贴膜篮球鞋视频案例

学习建议：本章案例详细演示了网布贴膜篮球鞋详细绘制全过程，视频分节演示了魔棒上色和闭合路径色块上色的基本方法，包括单层网制作、超薄贴膜工艺、TPU 射出片立体效果、鞋眼铁扣质感、多层次图层错位穿线效果的制作。特别是立体效果的表现需要学习者引起重视，建议学习者加强本书基础和技巧部分的训练后，再参考本章视频，边学边练效果更佳（图 27-1、图 27-2）。

图 27-1

图 27-2

第 28 章 飞织休闲跑鞋视频案例

学习建议：本章案例详细演示了飞织休闲跑鞋的构图、路径造型、结构和比例的绘制技巧以及完成整体效果的过程。学习重点是创建上色动作指令加快画图速度，从而提高设计师的工作效率。本章演示的路径造型难度较高，缺乏绘图经验的学习者需要强化训练才能达到本章的预期效果；在帮面飞织层次效果表现上，涉及不同肌理的组合与衔接，包括电绣、热切、织带和鞋面褶皱效果的表达，需要学习者认真学习和重点训练（图 28-1~图 28-3）。

图 28-1

图 28-2

图 28-3

附录1　常用快捷键汇总（附表1）

附表1　常用快捷键

类型	操作	快捷键	备注
1. 工具箱快捷键	（1）移动工具	V	该组快捷键必须在英文状态下使用
	（2）选框工具	M	
	（3）魔棒工具	W	
	（4）文字工具	T	
	（5）钢笔工具	P	
	（6）渐变工具	G	
	（7）画笔工具	B	
	（8）吸管工具	I	
2. 文件操作快捷键	（1）新建文件	Ctrl+N	/
	（2）打开文件	Ctrl+O	或将文件直接拖到 PS 窗口中打开
	（3）关闭文件	Ctrl+W	/
	（4）退出软件	Ctrl+Q	/
	（5）文件储存	Ctrl+S	/
	（6）文件储存为	Ctrl+Shift+S	/
3. 图层操作快捷键	（1）调出图层面板	F7	/
	（2）新建图层	Ctrl+Shift+Alt+N	或 Ctrl+Shift+N+ 回车键
	（3）删除图层	Delete	CS6 版本及以上
	（3）复制图层	Ctrl+J	Ctrl+Shift+J 分割图层
	（4）合并图层	Ctrl+E	/
	（5）图层编组	Ctrl+G	/
	（6）快速寻找图层	Ctrl+Alt+ 鼠标右键	除画笔、橡皮擦、加深减淡工具外的其他工具
	（7）具体选择图层	Ctrl+ 右键	/
	（8）图层上移	Ctrl+ 】	同样适用于图层组
	（9）图层下移	Ctrl+ 【	
	（10）图层置顶	Ctrl+Shift+ 】	
	（11）图层置底	Ctrl+Shift+ 【	
	（12）新建调整图层	Alt+L+J	Alt+L+J+C（亮度 / 对比度） Alt+L+J+L（色阶）
	（13）打开图层的斜面和浮雕	Alt+L+Y+B	/
	（14）显示 / 隐藏所有图层样式效果	Alt+L+Y+H	/
	（15）放大视窗	Alt+ 向前滚动	不同版本有所差别
	（16）缩小视窗	Alt+ 向后滚动	
	（17）按屏幕大小缩放	Ctrl+0	空格 + 右键
	（18）移动视图	空格 + 左键拖动	视图放大后
4. 区域选择快捷键	（1）全选	Ctrl+A	/
	（2）羽化	Shift+F6	右键—羽化
	（3）取消选区	Ctrl+D	/
	（4）反选	Ctrl+Shift+I	/
	（5）选区相似	右键	在"魔棒工具"建立选区状态下
	（6）选区移动	方向键（在选框、套索、魔棒等工具下）	或在"新选区"状态下，左键拖动
	（7）还原	Ctrl+Z	修改后退键：Ctrl+z
	（8）后退	Ctrl+Alt+Z	
	（9）复制选择区域	Ctrl+C	全选：Ctrl+Shift+C，复制所有可见图层
	（10）剪切选择区域	Ctrl+X	/
	（11）粘贴选择区域	Ctrl+V	/
	（12）复制并移动选区内容	Ctrl+Alt+ 左键拖动	/
	（13）选区扩充	Alt+S+M+E	上色前选区扩充
	（14）选区收缩	Alt+S+M+C	车线的边距
	（15）将路径载入选区	Ctrl+ 回车键 右键—建立选区	①加到已有选区：Ctrl+Shift+ 回车键 ②从已有选区中减去：Ctrl+Alt+ 回车键 ③交叉选区：Shift+Alt+Ctrl+ 回车键

类型	操作	快捷键	备注
5. 上色快捷键	（1）默认前景色、背景色	D	前景色为黑色、背景色为白色
	（2）互换前、背景色	X	/
	（3）选区填充前景色	Alt+ 删除键	退格键也可以代替删除键
	（4）选区填充背景色	Ctrl+ 删除键	
	（5）改为前景色	Alt+ Shift+ 删除键	无需建立选区，在有填充颜色的图层上执行
	（6）改为背景色	Ctrl+Shift+ 删除键	
6. 图像调整快捷键	（1）曲线工具	Ctrl+M	/
	（2）色彩平衡	Ctrl+B	/
	（3）色相 / 饱和度	Ctrl+U（着色）	/
	（4）自由变换	Ctrl+T	水平、垂直翻转、斜切等
	（5）自动色调	Ctrl+Shift+L	/
	（6）去色	Ctrl+Shift+U	/
	（7）反向	Ctrl+I	/
	（8）重复自由变换	Ctrl+Alt+Shift+T	/
7. 画笔调整快捷键	（1）调出画笔面板	F5	
	（2）大小写切换按钮	Caps Lock	英文状态
	（3）增大笔头大小	】	
	（4）减小笔头大小	【	
8. 视窗操作快捷键	（1）显示或隐藏标尺	Ctrl + R	拉出参考线，可以移动坐标原点
	（2）显示或隐藏参考线 / 路径 / 网格	Ctrl+H	/
	（3）文件之间的切换	Ctrl+Tab	/
	（4）软件之间的切换	Alt+Tab	/
	（5）关闭或显示工具面板和浮动面板	Tab	/
9. 性能与快捷键设置	（1）暂存盘设置	编辑—首选项—性能	/
	（2）历史记录状态设置		/
	（3）存储预设	/	/
	（4）修改快捷键	Ctrl+Alt+Shift+K	编辑—键盘快捷键

附录 2　PS 绘图技巧汇总

1. 关于选区上色、图层换色和局部改色

（1）在建立选区的情况下，Alt+ 退格键 / 删除键，上前景色；Ctrl + 退格键 / 删除键，上背景色。

（2）在选中图层且图层已有颜色的情况下，Alt+ Shift+ 退格键 / 删除键，换为前景；Ctrl+Shift+ 退格键 / 删除键，换为背景色。

（3）当一个图层有多块颜色，建立图层局部的选区，Alt+Shift+ 退格键 / 删除键，将局部颜色改为前景色；Ctrl+Shift+ 退格键 / 删除键，将局部颜色改为背景色。这些操作在给鞋配多款颜色的时候经常使用。

2. 关于自由变换与变换选区

自由变换必须要在选择图层和图层中有变换对象的前提下进行，可以通过快捷键 Ctrl+T 或者右键来执行自由变换；变换选区只能在有选区的情况下单击右键，不需要选择图层也可以操作。

3. 关于快捷键

在 PS 中，工具箱的快捷键须在英文和小写状态下使用，PS 的快捷键是可以通过"菜单—编辑—键盘快捷键"来修改，但要避免与电脑的其他软件快捷键冲突。另外，PS 和 AI 的快捷键大部分是一样或者相似的，初学者找到它们的规律，学习起来事半功倍。

4. 关于路径

钢笔工具和形状工具都可以用来绘制路径，而删除路径的锚点或路径的线段必须在选择图层的情况下按删除键，否则会将整条路径全部删除。路径可以通过 Ctrl+ 回车键载入选区，也可以通过右键载入选区。另外，选区也可以通过右键转化为路径，路径可以转化为形状，形状也可以通过 Ctrl+ 回车键转化为选区。熟练这些操作会提高绘图效率。

5. 关于 PS 与 AI 文件的转换

PS 和 AI 的路径是可以直接通过 Ctrl+C、Ctrl+V 复制粘贴的，AI 在路径绘制方面显示出强大的可编辑性，用户可以选择喜欢的软件制图。AI 文件可以将每一个对象放在独立的图层，然后导出 PSD 格式，那么就可以用 PS 软件继续做深入的效果，这样就很好的结合两个软件的优势，更快更好地完成效果图制作。

6. 关于创建剪贴蒙版与图层样式

（1）一个图层可以创建一个或 N 个剪贴蒙版图层，多个图层在编组后，也可以创建一个或 N 个剪贴蒙版。

（2）拷贝一个图层的图层样式后，可以同时粘贴在多个图层上。

7. 关于保存 PNG 透明背景格式

PNG 是一种没有带底色的透明背景图像文件格式。PS 在隐藏背景后可以直接保存 PNG 格式，省去抠图的麻烦，特别是在 PPT 演示文档中经常使用 PNG 格式的图像文件。用户可以平时多积累一些 PNG 图像文件素材。

8. 关于保存 GIF 动画格式

PS 也可以制作动画，它是配合"时间轴"控制面板，通过多个图层操作来制作，可以完成图片依次播放的效果，播放的时间间隔和方式可以在 PS 中设置，最后通过菜单—文件—存储 web 所有格式导出 GIF 动画格式。

9. 关于动作录制与批量处理

在平时的工作中，经常会遇到对大量图片加水印或者压缩等操作，而 PS 中的重复操作，是可以通过动作面板录制过程，然后播放录制的动作一键完成操作，录制好的动作在文件—自动—批量处理中能找到，从而完成批量处理的任务。

10. PS 中可以通用的工具

大部分情况下，Ctrl 键可以切换到移动工具移动对象。在画笔工具状态下，Alt 键可以切换到吸管工具吸取所需颜色。缩放工具基本不适用，一般通过 Alt 键配合鼠标滚轮操作更便捷。绘制路径时，通常使用钢笔工具而不会使用它的多个子工具。抓手工具基本是用空格键 + 左键拖动来代替完成。

11. 关于控制面板

PS 的所有控制面板是通过窗口的下拉菜单打开，部分常用的控制面板可以通过快捷键打开，比如【F5】、【F7】分别打开图层面板和画笔面板，但是常用的路径面板只能通过窗口下拉菜单打开。其中需要注意的是，画笔工具、橡皮擦工具、加深工具、减淡工具等都是共用同一个控制面板。

12. 关于选择图层

选中图层的方法非常多，这里提供三种好用的方法能够使操作更加便捷：

（1）Ctrl+ 鼠标右键单击任一工作区对象，在弹出的窗口中可以选择该对象所在的图层。

（2）在大部分工具选择的情况下，除画笔、仿制图章、橡皮擦、加深减淡、抓手等工具外，Ctrl+Alt+ 鼠标右键单击任一工作区对象，就可以选择该对象所在的图层；选择多个图层，按Ctrl+Alt+Shift+ 右键单击。这个方法在快速选择图层和图层编组的时候非常好用。

（3）在移动工具状态下，Ctrl+ 鼠标左键按住拖动，可拉出选框，被选框覆盖到的图层即被选中。

13. 关于同一个图层内复制对象

将图层中的某个对象载入选区之后，Ctrl+Alt+ 右键拖动，可以在图层内复制对象。在再次变换操作中，执行过 Ctrl+T 操作后，将复制的图层对象载入选区，再执行 Ctrl+Alt+Shift+T，只会在本图层中复制对象而不会产生新的图层。这样就避免了再次变换后新建太多图层的困扰。

14. 关于画笔工具

在选择画笔工具状态下，在工作区绘制的是前景色，"【"键画笔笔头变小，"】"键画笔笔头变大。按住 Shift 键单击鼠标，可将两次单击点以直线连接。

15. 关于不透明度快捷设置

关于调节画笔、橡皮擦的不透明的设置，可以直接按键盘上的数字键来设定。"0"键不透明度为100％。"1"键为 10％。先按"3"再按"4"，不透明度则为 34％，依次类推。这样的快捷操作方法同样适用于加深减淡工具的曝光度设置以及模糊锐化工具中的强度设置。

备注：由于篇幅有限，更多技巧总结也在持续更新，欢迎关注"中国鞋类设计联盟"微信公众号或登录联盟官网学习。

附录 3　效果图赏析

郑剑雄　三基设技能教育培训中心　校长

郑剑雄　三基设技能教育培训中心　校长

张景　意尔康体育用品有限公司　设计主管

郑剑雄　三基设技能教育培训中心　校长

郑剑雄　三基设技能教育培训中心　校长

郑剑雄　三基设技能教育培训中心　校长

唐艺罡　东莞市艺罡产品设计有限公司　创始人

汪祖彬　特步（中国）有限公司　高级设计师

汪祖彬　特步（中国）有限公司　高级设计师

陈城　鸿星尔克集团有限公司　设计部经理

张景　意尔康体育用品有限公司　设计主管

张景　意尔康体育用品有限公司　设计主管

陈天康　红谷尚品集团　高级设计师

陈天康　红谷尚品集团　高级设计师

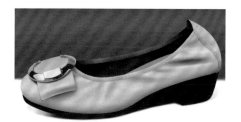

郑剑雄　三基设技能教育培训中心　校长

彭滔　中国鞋类设计师联盟　理事长

丘马金荣　安踏（中国）有限公司
创意研发高级设计师

左智越　李宁（中国）体育用品有限公司
创新研发主设计师

丘马金荣　安踏（中国）有限公司　创意研发高级设计师

郑英豪　三基设技能教育培训中心　学生

郑英豪　三基设技能教育培训中心　学生

黄仕伟　晋江华侨职业中专学校　学生

黄仕伟　晋江华侨职业中专学校　学生

黄仕伟　晋江华侨职业中专学校　学生

黄仕伟　晋江华侨职业中专学校　学生

黄仕伟　晋江华侨职业中专学校　学生

唐佳锋　利郎（中国）有限公司　国际部设计师

樊武　三基设技能教育培训中心　学生

陈庆铭　李宁（中国）体育用品有限公司　设计师

柯立光　三基设技能教育培训中心　学生

左智越　李宁（中国）体育用品有限公司　创新研发主设计师

左智越　李宁（中国）体育用品有限公司　创新研发主设计师

左智越　李宁（中国）体育用品有限公司　创新研发主设计师

柯立光　三基设技能教育培训中心　学生

郑瑞发　三六一度童装有限公司　高级设计师

赖少清　卡尔美（中国）有限公司　设计总监

赖少清　卡尔美（中国）有限公司　设计总监

吴作城　匹克正方工作室　设计师

吴作城　匹克正方工作室　设计师

郑剑雄　中国鞋类设计师联盟　秘书长
彭　滔　中国鞋类设计师联盟　理事长

附录4 意尔康黑鹰系列设计图

支持企业：

福建意尔康体育用品有限公司

康奈集团有限公司

卡尔美（中国）有限公司

泉州三基设创意设计有限公司

院校指导专家：

施 凯	教育部全国鞋服饰品及箱包专业指导委员会	主任 | 教授
于百计	北京服装学院	研究生导师 | 高级技师
弓太生	陕西科技大学	院长 | 博士生导师
俞 英	东华大学	教授 | 系主任
林敬亭	华侨大学	系主任 | 硕士生导师
陈念慧	邢台职业技术学院	教授
赖晓毅	泉州轻工学院安踏时尚设计学院	院长

企业指导专家：

王振权	奥康国际鞋业股份有限公司	总裁
郑莱毅	康奈集团有限公司	总经理
傅柏华	福建意尔康体育用品有限公司	研发总监
祁三平	福建意尔康体育用品有限公司	设计经理
张 景	福建意尔康体育用品有限公司	设计主管
柯永祥	卡尔美（中国）有限公司	总经理
柯天送	卡尔美（中国）有限公司	鞋业部总监
赖少清	卡尔美（中国）有限公司	设计总监
沙民生	康奈集团有限公司	副总经理 | 研发总监
江艳芳	康奈集团有限公司	研发主任
郑 飞	安踏（中国）有限公司鞋商品管理中心	总监
宋鸽 Angela	荷马（Joma）有限公司鞋业中心	总监
何 芳	鸿星尔克（厦门）实业有限公司鞋业中心	总监
Anna Barattoni	意大利 AB LUXURY LAB	CEO
李 霞 Alice	特步（中国）有限公司	高级总监

孙 钊	万家鑫集团	设计总监
任忠俊	东莞市喜宝体育用品科技有限公司	开发总监
左智越	原李宁（中国）体育用品有限公司	创新研发主设计师
张晓龙	安踏（中国）有限公司	设计经理
丘马金荣	安踏（中国）有限公司	创意研发高级设计师
张亚前	特步（中国）有限公司	高级设计经理
郭小伟	特步（中国）有限公司	产品经理
黄剑雄	特步（中国）有限公司	资深设计师
汪祖彬	特步（中国）有限公司	高级设计师
鲍 旭	特步（中国）有限公司	高级设计师
宋 杰	鸿星尔克（厦门）实业有限公司	首席设计师
吴文钢	鸿星尔克（厦门）实业有限公司	高级设计师
曹 亮	三六一度（中国）有限公司	高级设计师
郑瑞发	三六一度童装有限公司	高级设计师
林东彬	三六一度（中国）有限公司	设计师
潘文贵	贵人鸟股份有限公司	设计经理
黄忠盛	乔丹体育用品有限公司	高级设计师
周爱光	赛琪体育用品有限公司	设计总监
翟喜发	凯天体育用品有限公司	设计总监
张晓龙	匹克体育用品有限公司	高级产品经理
唐佳锋	利郎（中国）有限公司	国际部设计师
陈天康	红谷尚品集团	高级设计师
吴作城	匹克正方工作室	设计师
詹远飞	斯潘迪（中国）有限公司	高级设计师
谭 琦	利郎（中国）有限公司	鞋 / 配件项目经理
何人可	深圳市跃动品牌管理有限公司	高级主管
陈 城	原研设鞋类设计服务平台	创始人
唐艺罡	东莞市艺罡产品设计有限公司	创始人
孙晓晓	上海美特斯邦威服饰股份有限公司	资深设计师

（排名不分先后）

专家推荐

如何将院校教学和企业实践相结合一直以来都是院校教学探寻的问题，此书由长期从事鞋类通用软件 PS 教学的彭滔老师和有国内品牌出身背景的高级设计师郑剑雄先生合作完成，将教学过程和企业工作经验汇编成册，系统阐述了当前软件绘图的方法和设计技巧，全书对零基础和有一定基础经验的同学与企业设计师都有较好的参考价值，同时也为各类院校鞋类专业的实践教学提供了借鉴范例。

—— 教育部全国鞋服饰品及箱包专业指导委员会　主任 | 教授　施凯

这本书是根据彭滔老师近十年的教学经验和品牌企业高级设计师郑剑雄先生多年实践工作汇编完成，全书内容精炼、知识点完整、针对性强，适合零基础学生入门，也适合有基础的学生强化提升，是目前鞋业领域电脑画图方面值得推荐的一本好书。

—— 北京服装学院　研究生导师 | 全国高级技师　于百计

鞋类设计效果图表现技法，是鞋类设计师必备的设计表达手段之一。彭滔和郑剑雄老师所撰写的这本书，以电脑效果图为主要表现手段，详细地介绍了鞋类设计效果图的表现技法，由浅入深地做了详细的阐述，效果图表达丰富，画面生动而富有激情。本书是彭老师通过多年的教学总结而汇集编写成册，是一本比较实用的学习基础设计技法类书籍。本书丰富了鞋类专业的教学教材，同时也为该专业学生及广大鞋类设计绘画爱好者提供帮助。

—— 东华大学服装与艺术设计学院　教授　俞英

彭滔先生和郑剑雄先生融汇多年从业之经验而成此书，书中详细讲述了鞋类产品效果图的计算机二维辅助设计表现技巧，兼具专业性和实践性，是制鞋行业不可多得的教辅资料。

—— 华侨大学　工业设计系主任 | 硕士生导师 | 福建省工业设计协会秘书长　林敬亭

这本教材能从企业对设计师职业技能要求的角度来编写，其中阐述的设计方法和技巧较为丰富多样，是理论教学和实际应用的有机结合体，也是从事鞋类设计的学生就业前较为实用的指导性教材。

—— 泉州师范学院纺织与服装学院服饰设计　系主任　黄少青

随着中国鞋业由加工模仿型向设计开发型转型升级这一趋势的到来，鞋类设计研发工作将在这个趋势中发挥至关重要的作用。凡有志于从事使命光荣、责任重大，同时又充满挑战性和不确定性鞋类设计工作的年轻人，那么不妨先从掌握手绘和"电脑"鞋类效果图开始，同时，再系统学习鞋类设计其他知识与创新变化技能，逐步踏入到"痛苦"并快乐以及未来准备实现梦想于此的鞋类设计殿堂。

—— 邢台职业技术学院　教授　陈念慧

彭滔老师的教学工作经验和郑剑雄先生的知名品牌企业实战经验相结合，他们一起编写这本书，真正做到理论教学和技术实践相结合。该书为鞋类设计专业学生和鞋类设计爱好者的学习带来了更多的借鉴和参考，是鞋类设计专业教学的一本好教材。

—— 泉州轻工学院安踏时尚设计学院　院长　赖晓毅

在当前创意为王的时代，产品开始重新回归主线。好鞋子不是生产出来的，而是检验和设计出来的。在这个品质与品位并重的年代，面对设计的机遇蓝海，学习是关键。

《Photoshop 鞋类设计效果图表现技法》是彭滔和郑剑雄两位老师多年来凝心教学科研的匠心佳作，为各位设计师提升专业技能提供良好的经验借鉴和参考。

学习不能解决所有问题，但学习是提升自我的最好方式。在此，将此书推荐给大家，为鞋业设计迈上新台阶挥笔新篇。

—— 奥康国际鞋业股份有限公司　总裁　王振权

鞋类设计手段的转型升级，解放了设计师的想象力和创造力。让设计更加直观、更加精准、更加节约，以适应流行趋势和个性化消费的快速变化。这本书以鞋企业设计实践为蓝本，凝聚了彭滔和郑剑雄两位老师十多年理论教学和技术推广经验，是鞋类设计师提升 PS 技能的好教材。

——康奈集团有限公司　总经理　郑莱毅

彭滔、郑剑雄两位都是鞋业行业的从业者更是执着的教育者，多年深入教学一线，培养的学生遍布了国内各个鞋业品牌企业，在教学实践中从无到有逐步建立起这套较为完整的课程体系，可以说，这是一本实实在在可以训练鞋业职业设计师的专业书籍。

——卡尔美（中国）有限公司　总经理　柯永祥

这本书图文并茂，内容详尽，体系清晰，知识点深入浅出，讲述了多种绘图技巧，是一本能适用于职业设计师技能提升的专业指导书籍。书中的教学演示视频配合经典、详细的案例，内容与时俱进，形式新颖，读者能通过这本书真正学到扎实的本领。

——鸿星尔克（厦门）实业有限公司鞋业中心　总监　何芳

这是一本由品牌企业背景设计师和院校背景教师联合编撰的鞋类设计 PS 运用书籍。章节体系严谨，深入浅出，通俗易懂。不仅适用于院校作为专业教科书，也适用于目前企业作为培养设计新人的指导书籍。

——安踏（中国）有限公司鞋商品管理中心　总监　郑飞

这是一本写给每一位励志从事鞋类设计师的参考书籍，不论是书中的绘制效果图整体质量还是内容编排方面，都体现了彭滔老师和郑剑雄老师的用心和较高的教育教研水平，是值得推荐给大家阅读的一本好书。

——特步（中国）有限公司　高级总监　李霞 Alice

彭滔老师和三基设总经理郑剑雄先生是"过来人"，他们以独特的思维和多年的教学与实践经验，精心编写了这本 PS 软件鞋类设计绘图教材。本书中有很多典型案例，将会把每位喜好鞋类设计同学们的学习激情点燃，从而给企业输送全新的"血液"和有创新精神的鞋类高端设计人才！

——福建意尔康体育用品有限公司　研发总监　傅柏华

学好 PS 鞋类设计效果图表达是鞋业行业职业设计师最重要的基本功之一，路径造型是基础，效果表现是重点，而绘图速度和质量是最直接的工作效率。本书从路径造型技巧、真实效果还原、细节表现和如何提升绘图效率等方面展开详细讲解，是有志成为鞋类设计师的不二参考书目。

——荷马（Joma）有限公司鞋业中心　总监　宋鸽 Angela

PS 软件绘图因其工作高效、辅助精准、线条流畅、效果逼真等特点，普遍运用于设计领域各个行业，也是较早运用于鞋类设计的绘图软件，在鞋类设计领域已经有近二十年的运用历史。市面上关于 PS 技能运用的书籍较多，有用于图像处理的、广告设计的、服装设计的……但鞋类设计方面的运用比较少。彭滔有近十年的院校教学实战经验，郑剑雄也有十几年的品牌工作经验，两位合力编撰这本书，以院校派教师的体系串联品牌系设计师的实践，赋予了这本书更高的实用及学术参考价值。

——原李宁（中国）体育用品有限公司　创新研发主设计师　左智越

The objective of this book is to suggest a training course to become excellent designers and specialized technicians. My congratulations go to the authors of this book Mr. Peng Tao and Mr. Zheng Jianxiong of Sanjishe Institute for thinking of providing additional assistance and technical training to the future fashion designers in the sports footwear sector.

——意大利时装设计学院（Ars Sutoria）客座教授｜
国际市场和营销咨询公司（AB LUXURY LAB）　首席执行官　Anna Barattoni